朴门农艺

小型综合农业和园艺实用指导书

Sepp Holzer's Permaculture

【奥地利】赛普·霍尔泽 著

【中国】李茂春 李存钢 译

云南科技出版社

·昆 明·

著作权合同登记号　图字：23-2015-001号

图书在版编目（CIP）数据

朴门农艺 / [奥] 赛普·霍尔泽著；李茂春，李存钢译
.-- 昆明：云南科技出版社，2014.12（2025.4重印）
书名原文：Permaculture
ISBN 978-7-5416-8744-0

Ⅰ．①朴… Ⅱ．①霍… ②李… ③李… Ⅲ．①农学—基本知识 Ⅳ．①S3

中国版本图书馆CIP数据核字(2015)第234509号

朴门农艺

PUMEN NONGYI

（奥）赛普·霍尔泽　著　　李茂春　李存钢　译

责任编辑：胡凤丽　罗　璇　杨　雪　杨　钊　叶佳林
助理编辑：唐　慧　王首斌
封面设计：秦会仙
责任校对：张舒园
责任印制：蒋丽芬
审　　校：李玉龙

书　　号：ISBN 978-7-5416-8744-0
印　　刷：昆明亮彩印务有限公司
开　　本：787mm × 1092mm　1/16
印　　张：15.25
字　　数：260千字
版　　次：2014年12月第1版
印　　次：2025年4月第4次印刷
定　　价：88.00元

出版发行：云南科技出版社
地　　址：昆明市环城西路609号
电　　话：0871-64190886

赛普·霍尔泽著《朴门农艺》推荐语

“这是一本迷人的书。由一个终生研究自然，创造了非凡的多元农艺的人写成。他的著作令人震惊。”

朴门农艺杂志编者麦迪·哈兰德

“在任何人都已放弃低价值林业的海拔高度上，赛普·霍尔泽的农场可能是欧洲朴门农艺农场的最佳典范，它像一座灯塔矗立着。”

朴门农艺作者和教员帕特里克·怀特菲尔德

“当有廉价劳力，稳定气候和过剩化肥储备的时代结束时，作为设计我们将来的食物和农业系统的一种方法，朴门农艺原理将会越来越引人注意。本书为应用这些原理于农村耕作和新近出现的城市园艺提供了重要见解。”

顽石农庄中心主席弗雷德里克·卡斯彻曼

“赛普·霍尔泽是超级明星农夫。他写出一本惊世名著，他不用丁点儿化学肥料就生产出各种食物产品。在奥地利的土地上，一个美国伊利诺伊州种玉米的农夫就会宣称，搞农业生产收益太有限了。”

《神圣粪便：经营粪肥以拯救人类和反其道而行之的农夫》

作者吉恩·罗格斯顿

“各地爱好种植果树的园林工人们，有大好消息！用‘现代方法’成立果园，修剪和护理果树的绝大部分工作是不必要的，甚至对丰产不利。此书对果树作物来说，是一根救命稻草。”

《充满活力的园丁：易变时期的粮食生产和自力更生》

作者卡罗尔·戴普

Sepp Holzer's Permaculture

朴门农艺 小型综合农业和园艺实用指导书

Preface 序言

赛普·霍尔泽

尊敬的读者：

至今为止，这是我写的第二本书，作为实践轮换农耕法的农夫，欲把40多年的经验与大家分享。我这样做是受了许多人的鼓舞，他们来参观过克拉米特霍夫农场，其中有教师、教授、医生以及农夫和园丁。我亲爱的妻子维罗尼卡和我的孩子心急如火地要我把我的经验和发现写下来。

我的第一本书是自传体，名叫《反叛农夫》。不到两年就销售了12万多册，使我功成名就。这本书被授予金奖图书，而我收到了热心读者的一千多封来信。这使我意识到人们对我的工作有着极大兴趣。当我的女儿克劳蒂娅和儿子约瑟夫·安德鲁斯提供帮助时，我简直无法拒绝。

我想要这本书帮助人们意识到，努力理解自然并且和自然和谐相处而不是与它作对，是非常值得尽力的。在无数次视察我的国外项目的旅行中，我看到的许多可怕景象，至今记忆犹新，甚至让我做了几场噩梦。不管在波斯尼亚、哥伦比亚、巴西、泰国还是在美国，显而易见，在各处，自然环境受到多么不负责任的对待。许多人似乎已经失去他们的能力，对我们的星球及其未来作独立的思考，或感到对我们的环境负有责任。其结果是失去了对自然和伙伴生物的尊重。

成千上万公顷的丛林和雨林被人为地烧毁，为单一种植让路，当然，任何野生动物都随之被毁灭。在社会大消耗的前提下，少数人得益。他们一般都不知道怎样为自己提供食物。在发展中国家忍受贫困和苦难的人们不计其数。无论老

Preface

少都被当作废物处理，在街上过着勉强糊口的日子。只有富豪才有权势，这种情况我亲身见过和体验过。此外，这种事发生在没有人应该挨饿的地方，因为那里土壤肥沃，气候温和，大家应该有很多的食物。许多人失去了土地，被豪强地主所掠夺，他们因此失去了供养家庭的能力。他们的独立性被夺走，于是变得非常难以收回。所以这些人中的许多人在城市郊区可怕的条件下艰难生存，同时他们的土地被无情地过分使用而毁坏了。

许多人认为这种事不会发生在欧洲，然而事实正是这样！大多数小农场仅提供辅助性收入，因为农夫们不知道如何从农场赚取足够的钱继续生存下去。今天，很少人敢于创造自己的方法并且考虑轮换农耕法。然而许多人指望辅助计划来告诉他们怎样经营他们的事业，并且相应地改变他们的农场。或者那样，或者数量胜过质量，农夫用更多的农产品试图补偿低价格。其结果是单一种植保持使用大量的化肥。许多人被官僚主义的障碍吓住，当他们试图实践轮换农耕法时，这些障碍成了拦路虎。保卫他们的权利、土地、甚至民主观念，并使之成为指导原则，是每一个人的责任。如果我们不这样做，就会发现我们自己处在行政机关和官僚主义的专制下，那才是真正的危险。我已经在我的第一本书里描写过，要创造你自己的方法是多么困难。几年前我接待了一个来自新西兰的拜访者。这位拜访者是已故乔·波莱什——我们的命运相同。他选择离开奥地利，移民到新西兰，在困难的条件下建立了一个朴门农艺农场。他有从欧洲远道而来的拜访者，对于他所取得的成就，他们很高兴。乔是个了不起的人。他是个教师，有大量的实践经验，确切地说，这正是眼下我们需要的。他的成就应该使这一点很清楚，即地球另一边的人们想和他们的环境和谐相处，而

序言

不是与它作对。尊敬地对待我们的星球和伙伴生物——不为敌对、妒忌或仇恨所激动，这才是道理！

我敬爱的朋友乔，你承诺恰当地使用土地，你对发展所做的贡献和在奥地利传授朴门农艺，我衷心地感谢你。

我也要感谢多年来的同事埃雷克·奥尔尼克和伊丽莎白·莫尔，他们总是支持我的工作。没有他们不知疲倦的努力，那是永远不可能唤起公众对我的农耕方法的如此巨大的兴趣。在他们的帮助下，我能够带领几千个感兴趣的拜访者，参观克拉米特霍夫农场和视察无数国外科研项目。我也已经有机会通过演讲和研讨会传授我的经验。对玛丽娅·肯德贝彻夫人和她的女儿海蒂表示我的感谢，她们在克拉米特霍夫农场上招待了我们的客人。我也要感谢我的兄弟和农场看守人马丁·霍尔泽。

最为重要的，我要感谢我的家庭和我亲爱的维罗尼卡！历经我们36年多的婚姻生活，她总是站在我身边，全心全意地支持我。没有她，我就永远不可能如此成功地经营克拉米特霍夫农场，还有时间写了一本书。有这样一个美好的家庭真叫我乐不可支。

在这本书里，我试图回答在我的演讲和研讨会上最经常提出的问题。我希望这本书帮助你找到你自己与自然和谐相处的方法；不管这事开始于一个窗台花箱、一个花园或是一块地，都不重要。如果这本书帮助人们从生态的角度和独立的角度开始思考，它将功不可没。在把你的理念，或许你自己的朴门农艺项目付诸实践方面，我祝你成功。

Introduction 介绍

1962年，当我19岁时，我接管了我父母在萨尔茨堡州隆高的克拉米特霍夫农场。自从那时起，我就用自己的方法管理了这个农场。我构筑了池塘、台地和花园，养了鱼和野牛，种了蘑菇，建立了一个轮换种植的果树苗圃，如此等等。尽管在许多不同的地区，可以建立专业化的农场，但对我来说，事实上更为重要的是，我办的农场不集中在任何一个收入来源上。我想保持尽可能的灵活性，以便我总是能够对变化的市场条件应对自如。此外，当时我的兴趣如此广泛，以至于我没有办法决定只干某一个领域。许多年来，一再证明这个决定是对的。当我还是年轻农夫时，确实有许多人叫我“疯子”。他们说我的方法不会有多大成就，还说我不久会卖掉农场，但是最后的成功证明我对了。自从那时起我一直设法使克拉米特霍夫农场原来的规模加倍，同时，许多批评我的人却不得不放弃他们的农场，另谋生路。现在克拉米特霍夫农场面积有45公顷，横跨什沃森堡山南坡，海拔从1000米到1500米。今天人们仍然叫我“疯子”，可是它不再让我烦恼。我已经意识到，当你做事时，其方法不为公众广泛认可，许多人发觉难以接受。这使你很难预言，更难控制许多人觉得有风险的东西。

我的轮换农耕法使我许多次与当局发生冲突，其中一些分歧久拖不决，令人厌烦。处理这些事颇费周折，还不能让自己变得灰心丧气。一次冲突是与我们的妄自尊大的行政管理机构，它正在使我这个独立农夫的生活变得困难，我夜不能眠。时局艰难困苦，我不知道怎样渡过这一关。幸运的是，所有这些年我的妻子维罗尼卡全心全意地支持我，她总是站在我身边，这给了我继续进行下去的力量。有当局设置的障碍，特殊的税收和其他阴谋诡计。我也从自然积蓄了力量，而当我结束了一件冗长乏味的诉讼，或读了一份有许多不切实际的专家报告时，我会漫步于自己的田园中，收集几个小时的种子，并且又把它们播种在不同的地方。观察我的植物和牲畜也给我新的力量。尽管有恶魔般的官僚主义，大自然和我的家庭使我不屈不挠。我莫名其妙的是，一个有那么多创新思维的人，会有那么多障碍和绊脚石在面前。我不让自己被恐吓，也不保持沉默以讨人喜欢，这个事实给了我当一个“反叛农夫”的声望。令人伤心的是，实际上需要变成一个“叛徒”，才能与大自然和谐地开发一个农场。行政机构已经变得过于庞大，把任何创造性的思想消灭于萌芽状态中。解决这些难题是那些当权者的责任。

我们必须使民主成为我们的指导原则，而不要像旅鼠一样行动，盲目地随大流，否则有一天我们会失去我们的民主和权利。在我的农场上，我与巨大数量的“害虫”没有麻烦，因为自然是完美的，它保持一切平衡。我只祝愿我们的行政机构能以类似的方法来调整，以便官僚主义不至于把我们推向破产，而我们不会因为创造性思维受惩罚。我想我们都需要努力，对抗这种无法容忍的局面，并且把这个官僚主义的过剩人口减少到正常水平之下。

在1995年夏季，我收到一封来自维也纳自然资源和应用生命科学大学的信，问我他们是否能在克拉米特霍夫农场举行一个研讨会。通过这次研讨会，我第一次学到我的农耕法有一个术语叫“permaculture”（朴门农艺）。这个词是由澳大利亚生态学家比尔·莫里森和他的学生戴维·霍尔姆格雷造的，它来源于“permanent agriculture”（永久农业）。朴门农艺系统是类似于自然的系统，它

作者与妻子维罗尼卡

基于自然循环和生态系统。研讨会上的一些学生送我几本有关朴门农艺的书。当我读这些书时，我十分赞成书中的论点。这些书中的基本思想和理念与我自己的方法不可思议地相同。我发现当有许多新农场宣称使用了朴门农艺耕作法时，却没有一个像我们克拉米特霍夫农场一样经营的。这是因为朴门农艺这个概念1978年才首次提出，而我在年轻时就开始创建园地和池塘，用可以持续发展的系统做试验。我的农耕法已有40多年的发展史。现在我得闲继续地改进和发展它们，以至现在我只需要做极少的工作，然而我仍然获得好收成。对我来说很明显，我在做的这一切都是模仿自然循环。当自然已经完美地发挥作用时，它的哪些方面我还能改进呢？每次我试图改进自然时，我很快意识到我只是自找麻烦，而收成损失却巨大，所以我总是回到自然法则上去。就我而言，自然法则已经证明是唯一正确的。

- 朴门农艺的基本原理是：
- 系统内的所有因素要互相起作用。
- 多功能性：每一个因素完成多种功能，并且每种功能由多种因素来完成。
- 从实际出发有效地使用能源，用可更新的能源工作。
- 使用自然资源。
- 小区域内使用强化系统。
- 利用和塑造自然加工和循环。
- 支持和使用边际效果（创造高度丰产的小型结构）。
- 多样化种植而不是单一种植。

我的农耕法满足了所有这些标准。当最终有人建议我应该给我的农场贴上标签，宣称以朴门农艺原理作基础，并且向大众开放，我欣然同意。

不幸的是，我很快就发现有许多自封的朴门农艺家和朴门农艺设计师，他们只关心自己懂得朴门农艺理论，而如何加以实践一窍不通。在朴门农艺设计上，实践经验是不可或缺的。仅从理论上很难获得对自然的理解。只有那些有亲身体验的人，才能做出专业性的探讨。所以我认为有人提供服务来当朴门农艺设计师是恰当的，如果他们多年来已经积累了丰富的实践经验。丁点儿工作经验和听了少数几次短期课程肯定是不够的。这就是为什么我劝告对朴门农艺原理感兴趣的任何人，要发现这些顾问有多少实践经验，而不仅仅依赖证书或其他参考资料。在请教之前，亲自去看看顾问或设计师的办公室，倒是个好主意。这将告诉你关于他们的知识和能力的大量情况。

霍尔泽朴门农艺结合地形设计（创建台地、垄、水园、池塘、腐殖质储藏沟和微型气候），农林业（综合树林和灌木在农业中），渔业，种植水生作物，饲养牲畜，种植果树，高山放牧和种植高山药材作物，甚至旅游业也不排除。经济学和生态学不是一对矛盾。霍尔泽朴门农艺可追溯到1962年，而且基于经营全日制农场几十年的经验。你应该整体地了解这种技术，以便你能有利可图地使用它。只有实践朴门农艺的那些人，才能理解它并且把它传授给其他人。这就是为什么简单地创建一个刚好像我的农场一样的朴门农艺系统是没有意义的。你必须为自己学习这种技术，就像在学校学习字母表一样。这是你能取得成功的唯一途径，并且从中获得幸福。朴门农艺原理全世界都管用，当我在哥伦比亚，泰国，巴西，美国和苏格兰的科研项目场地工作时，我已经见识了。

在我们的网址 www. krameterhof.at/en.上，你可以找到关于我的科研项目以及演讲，研讨会和导游克拉米特霍夫农场的最新资讯。不幸的是，由于公众兴趣实在太大的结果，我们不能再回答我们收到的所有来信和咨询。我们请求你们理解，还希望这本书至少能回答这些问题中的一部分。

Foreword 前言

帕特里克·怀特菲尔德是朴门农艺教员，《朴门农艺小坚果》（1993），《如何种植林园》（1996），《土壤保护手册》（2004）和《活的地形》（2009）的作者。关于他事业的更多细节可查找www.patrickwhitefield.co.uk

在赛普·霍尔泽著的《朴门农艺》的电影里，有一张图片的确说明了一切。从空中往下看，陡峭的山坡似乎被无尽的单一植物云杉树所覆盖，山坡上唯一被开垦的地方就是赛普·霍尔泽的克拉米特霍夫农场。与两旁的黑色树林相比，它是由台地、垄、池塘、灌溉系统和小道构成的错综复杂的网络，很好地被果树和其他丰产的蔬菜覆盖，整齐的农舍忽隐忽现于其中。就在那里，一个任何人都已放弃低价值林业的高度上，克拉米特霍夫农场或许是欧洲朴门农艺型农场的最佳典范，它像一座灯塔矗立着。作为反其道而行之和反叛农夫的技艺，两者的证据明摆着。

他总是与现代农业格格不入：他培养大量的植物和动物，两者并为一体以代替单一耕作；他不需要化肥，因为在他的多样化种植中，植物和动物之间的动态相互作用提供了所有的服务，这些服务传统农夫只有在化肥口袋和农作物喷雾器里才能找到。然而做一个反叛农夫，他需要的比有一个逆反的本性更多。他需要技能和知识，这些来之不易。从童年开始，当他的母亲给他一小块地作为他的初期园地时，他曾经观察、发问、试验、再观察和再试验。他像当今其他极少数人一样了解自然世界，并且把他的农场当作那个自然世界的综合体——的确如此！

在这本书里，他把毕生获得的技能和知识与读者共享。他讲到了他的耕作的各个方面，不但讲到他怎样在农场上创造一个完整的系统，而且讲到他如何从中谋生。他写到了一切，从指导他的总体概念直到细节，例如，他已发现朴门农艺耕作中哪些是最好的果树品种。在海拔如此高的地上耕作，本身就是个挑战，而且涉及他对植物和动物相互作用的知识，他不得不学习很多关于热量和水源怎样通过生态系统被储存和利用，从而为系统服务的知识。

朴门农艺的一个重要部分是逐渐了解你自己的个人地位。正像每一个人一样，每一块地有它独特的个性和特点，然而赛普·霍尔泽已经获得了这方面的技能，并且应用于全世界朴门农艺试验场，也应用于城市花园中。需要有丰富的经验，才能够在世界的不同地区选定一个场所，并且明白怎样把它经营得足够好，以至能给它作指导。

但另一方面，在奥地利山上对他有用的东西，在你自己的土地上不一定起作用。这里，以英国为例子，我们有的是多云的海洋性气候，与奥地利的大陆性气候强烈相反。虽然我们的冬季比较温和，夏季也不太热。首先，我们缺乏阳光，在他创造有利的微型气候方面，那是关键因素。这里湿度也比较大，比如说，在波德明荒野海拔250米处，你所能做的就不同于你在那个海拔高度十倍之上的克拉米特霍夫农场上所能做的事。类似被允许的东西在世界的其他地方也必须做到。

这不是否认本书对生活在奥地利以外的人们的价值——绝对不是！大部分详细的资料与任何气候温和的国家密切相关。只要你牢记你所在地方的气候和土壤可能与克拉米特霍夫农场的大相径庭，你会发现它是珍贵资料的宝库。

不过此书的最大价值不在于它包含的那么多资料，而在于它教导我们的态度。其信息不太是“你应该这样做”，而是“你应该开始思考怎样做这件事的方法”。赛普·霍尔泽的方法就是将来的方法。在矿物燃料时代，通过抛撒廉价的能源来解决每一个难题，我们已经能够把我们的意志强加在土地上。将来那种选择不会再向我们开放了。我们将不得不走更加难以捉摸的道路，即耐心观察自然和寻求模仿自然的道路。那个将来可能不会像我们想象的那么遥远。

帕特里克·怀特菲尔德

2010年9月

帕特里克·怀特菲尔德是一名朴门农艺教师，同时也是《简易朴门农艺》（1993）《如何营造一个森林般的花园》（1996），《关爱地球手册》（2004）和《活的风景》（2009）的作者。

Sepp Holzer's Permaculture

朴门农艺 小型综合农业和园艺实用指导书

目录
CONTENTS

一般换算公式

从	到	乘以
英寸	毫米	25.4
毫米	英寸	0.0394
英寸	厘米	2.54
厘米	英寸	0.3937
英尺	米	0.3048
米	英尺	3.281
码	米	0.9144
米	码	1.094
平方英寸	平方厘米	6.452
平方厘米	平方英寸	0.155
平方米	平方英尺	10.76
平方英尺	平方米	0.0929
平方码	平方米	0.8361
平方米	平方码	1.196
英亩	公顷	0.40479
公顷	英亩	2.471
品脱	升	0.568
升	品脱	1.76
加仑	升	4.546
升	加仑	0.22
盎司	克	28.35
克	盎司	0.03527
磅	克	453.6
克	磅	0.002205
磅	千克	0.4536
千克	磅	2.205

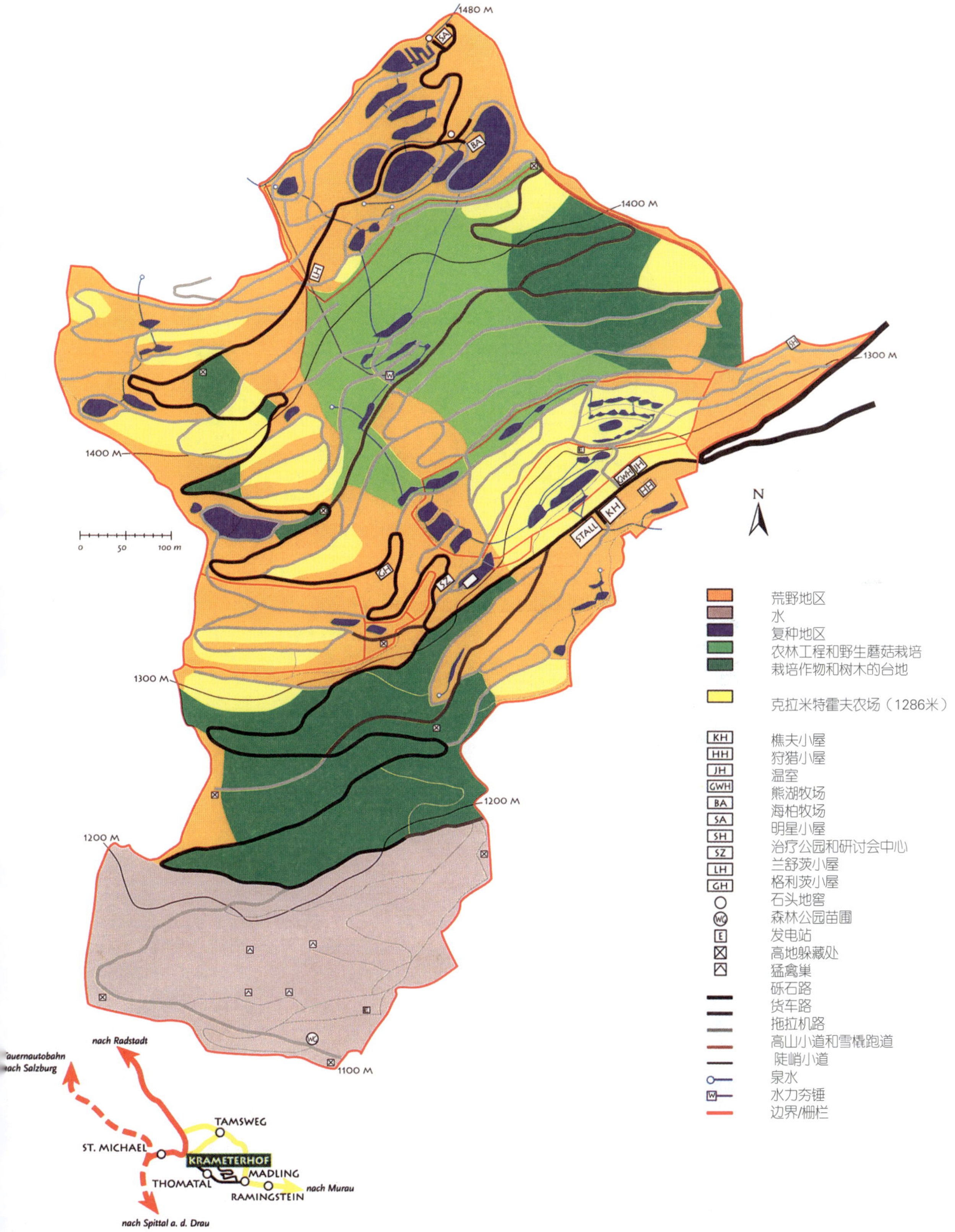

1480 M
1400 M
1300 M
1200 M
1100 M
0 50 100 m
N
荒野地区
水
复种地区
农林工程和野生蘑菇栽培
栽培作物和树木的台地
克拉米特霍夫农场（1286米）
KH 樵夫小屋
HH 狩猎小屋
JH 温室
GWH 熊湖牧场
BA 海柏牧场
SA 明星小屋
SH 治疗公园和研讨会中心
SZ 兰舒茨小屋
LH 格利茨小屋
GH 石头地窖
森林公园苗圃
E 发电站
高地躲藏处
猛禽巢
砾石路
货车路
拖拉机路
高山小道和雪橇跑道
陡峭小道
泉水
W 水力夯锤
边界/栅栏
STALL
nach Radstadt
nach Salzburg
TAMSWEG
ST. MICHAEL
KRAMETERHOF
MADLING
THOMATAL
RAMINGSTEIN
nach Murau
nach Spittal a. d. Drau

Sepp Holzer's Permaculture

朴门农艺 小型综合农业和园艺实用指导书

1 Landscape Design 地形设计

早期童年经验

我最初种作物的经验可以追溯到童年。住房附近的一片陡坡上，我有一块干燥的石头地，是我从父亲那里用两个奥地利先令租来的，这笔钱比当今的两英镑多一点。对我父母来说，这块地几乎一钱不值，一年仅有一季收获。这块阳光充足的石头地给许多蛇提供了理想的栖息地。正因为如此，它又被称为Beiwurmboanling（蛇窝）（传说中的Bei wurm是一条巨大且有毒的蛇）。作为小孩，这块地让我学到关于种作物的很多知识。之前，我在种植方面的唯一经验来源于照料我母亲的花盆。我用一把锄头开始在2平方米的地上干活。我铺好石头做地基，虽然小，这是我创建的首块台地。草莓、小果树、南瓜和许多其他作物很快开始生长。我注意到非常接近石头生长的草莓比那些随意生长的更大更甜。我给它取名叫“石头草莓”。我在学校用它们兑换橡皮擦 和 Karl May（卡尔·麦）图书。

我小时候的克拉米特霍夫农场。

我与草莓的经历使我意识到某种重要的东西，这东西以后会对我有用。一系列的因素，如像石头的能力是储存和释放热，它们对气候有平衡作用。石头底下的土会保持潮湿，蚯蚓很多，加上土壤生物，这一切对草莓都有积极的作用，对其他的植物也会有同样的作用。这意味着我栽的通常只会结小果子的林地上，草莓会长得又大又甜。这就是为什么要经常密切观察土壤和作物的重要原因。无论何时只要你力所能及，你应该努力去发现为什么作物生长良好，以及去发现为什么作物长得差。这种知识将帮助你得出正确结论。这就是与自然相处所需的最重要的技艺之一。分析办坏了的事仍然很值得，因为从这里我们可以研究出为什么它们失败了。为什么这种作物那么美丽又健壮，而其他作物则如此弱小又多病？为什么一棵作物如此茂盛，它的树叶那么油绿，而另一棵则如此枯黄？从一开始眼睛就紧盯着园地，是我成功的决定性因素。我种的作物种类不断地增加，不久我就能种植许多不同的果树、药草和蔬菜。我继续观察和改进我的系统。最后，我建成了我的第一个池塘，我能养鱼了。在我的第一本书《反叛农夫》里，我已

克拉米特霍夫农场的冬天。

经详细地描写过，在我的童年和青年时期，我发展了我的耕作法和自然美化法。

过去的错误

在过去的几十年里，在土地管理方面我们犯过许多错误。就农业而言，在地面上我们试图改正那些已察觉是不完美的东西，并且排出多余的水。岩石和峭壁被炸毁，造就田园和草地，以便适合机械化耕作。生长着最美丽的兰花的湿地，水被抽干，种上了稠密的种植单一的云杉树。当今，这些措施已经从60%增加到80%，奥地利农业部是有责任的。在许多地方，大型排水系统仍然受到积极鼓励。树篱和果园仍然被连根刨起。河流和小溪被弄直。正是单一种植制度在推动这些变化。

这种单一种植的结果和这种对自然不负责任的态度已经众所周知：大灾难正在变得越来越厉害，这对国民经济的损害是无法估量的。洪水、滑坡和暴风雪造成的损害正在变得更加猖獗。珍贵的生物物质和肥沃的腐殖质正在流失。这种心胸狭隘的态度正在造成土壤失去储存水分的能力——整个地区都酸化变成沙漠。最后，广泛使用农药和化肥将毒害地下水。在这些地区生物多样性正受到严重威胁：没有构筑良好的产地，而只有突然单一种植的地形。这种产地的消失，造成少数植物和动物的数量迅速增长，而其他的则完全消失了。动物和植物多样性正在消失。人类打乱了自然平衡，然后开始与“害虫”和“杂草”战斗，为此他们

连绵的克拉米特霍夫台地，从海拔1100米的河谷到海拔1500米的山地牧场。先前不能到达的区域，现在能到达了；这样，所有的土地都能有效地利用。

地形经过设计，以便它能与自然和谐地起作用：图片显示在海拔1400米处的克拉米特霍夫农场上，我建立的一片湿地。

只有责怪自己。一个新的行业——农药——通过化学手段专门致力于消灭这些敌人。任何理解自然过程的人，不得不承认是我们人类造成了这些有机物如此大量地出现。如果条件只对少数几个物种有益，那么它们就会变得最猖獗。因为有助于保持系统平衡的天敌或对手已不复存在。

我们怎样能开始纠正这些错误呢？认识和承认我们的错误是朝正确方向走的第一步。一旦我们意识到已经错到何种程度，我们就可以找到纠正的方法，让我们回归到自然的思考和行动。这有助于集中在我们自己的错误上，而不是在别人的错误上。以所谓“现代农业”的名义，我甚至已经犯了许多错误。我了解到这种假设，即现代农业是由农业学院的课程造就的，是通过培训和学习书本知识形成的。对一个年轻农夫，农业部使用他们那种带有偏见的津贴制度和各种不同的经济顾问，催促我使用现代耕作技术。我被鼓励成为一个现代农夫，而不再是个“乡巴佬”。我让自己相信片面的知识和带偏见的指导者，而且有一段时间我迷失了方向。

幸运的是，我对植物和动物的经验开始于年轻时。这种经验使我认识到我走错了路。在认识到这一点之前，我所造成的损失仍然是有限的。不过，如果我没有自己确定的经验作依靠，我仍然会在所谓“进步”的道路上，而对后果却一无所知。

我抛开了官方的指导方针，决定按照我自己的理念恢复这个农场。对我来说重要的是，在农场上我又有了健壮而耐寒的植物和动物。最后，我能把我的理念付之实践，而不用听命于人。我非常享受耕作过程。我开始使用机器来改进和加宽我小时候造的台地。然后我想在我的地上适当应用喷灌。我一直喜欢养鱼，所以我在农场各处开辟了池塘和湖泊。这就开始出现了克拉米特霍夫农场的朴门农艺地形。

那时候我不知道亚洲的稻田或摩洛哥柏柏尔人的台地。直到后来我发现这曾经是一种上千年来反复试验过的耕作法。我确信任何一个认真耕作的人，都会自动地达到相同的方法。通过试验和犯错，全世界许多不同的耕作法都发展了这些成功且协调的系统，从他们自己的错误中学习，他们不断地改进耕作法。

朴门农艺地形设计必然涉及恢复部分毁坏了的自然地形。它关系到基于自然生态系统的小规模地形。它提供给我们一个能在特殊气候中生存的抉择，而单一种植系统毁坏了我们的土壤，污染了我们的地下水。

朴门农艺地形

概况

设计朴门农艺地形，以便生活在那里的所有植物和动物会和谐地互相作用。这是以稳定而持续的方法来经营土地的唯一办法。所有可用的资源——无论它们是泉水、池塘、湿地、悬崖、森林或建筑——都要使用并且包括在计划中。重要的是，资源的使用方法要适合它们周围的环境。在实践中，这意味着每个地区的自然特征必须得到支持和加强。为了恰当地使用可用的自然资源，我们必须与自然协调而不是与它对抗。这可以让我们以最少的能源消耗得到最佳的结果。

水是生命，因此必须十分谨慎地处理。这就是为什么我尽可能长地把水（无论是雨水、泉水或地表水）保留在我的地上。这些水有许多可能的用途。譬如，哪里有潮湿的土壤，我就会造个池塘、水园或湿地，种上兰花。在干燥处，我种植喜欢半干旱的药草，如像百里香、匍匐百里香（野麝香草）、马郁兰和鼠尾

基于霍尔泽朴门农艺原理的伯塔科研项目规划（奥地利残疾人服务机构）

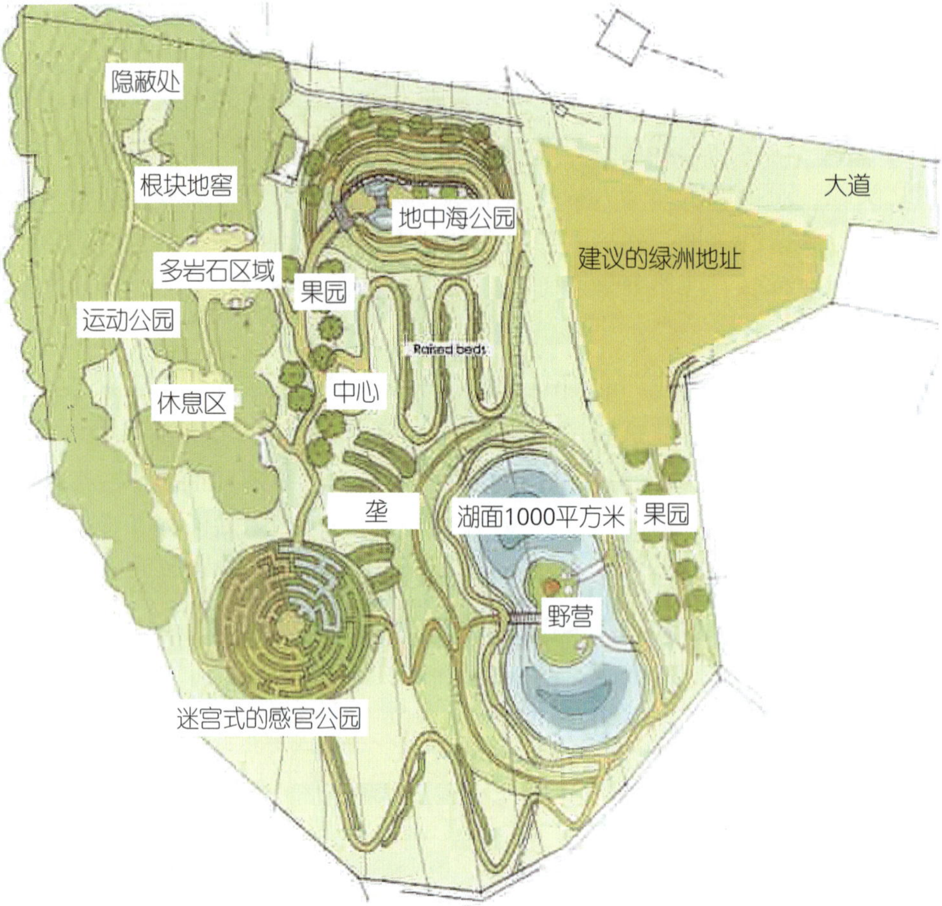

草。谷类苋和新西兰菠菜也适合干燥地方，且收成好。这些仅是少数作物的例子，在这些条件下它们长得枝繁叶茂。

台地是我的朴门农艺系统里极为重要的部分。没有台地我就不可能耕种其他不毛之地和在克拉米特霍夫农场上险峻难达的土地。这些台地也可被用作小道，我可以耕作甚至是最陡的坡地，而且仍然有收益。台地甚至使中型机械能够使用。它们实际上提供给我更大的区域耕作，而且获得这份额外的土地，对小农场来说特别重要。台地也有助于阻止珍贵的腐殖质被冲走或造成其他损失。最后它们有助于预防土壤侵蚀和对土壤健康与肥沃做出巨大贡献。造台地时，重要的是使断头的数量最少。如果可能，每块台地应该形成一个连续不断的地带，以便台地能用最少量的力气耕作。造台地的同时，我努力遵循自然原理。通常不应该有直线、角落或陡坡（垄除外）。创建许多形状的地貌，打破原来地形也是重要

在霍尔泽霍夫的朴门农艺系统

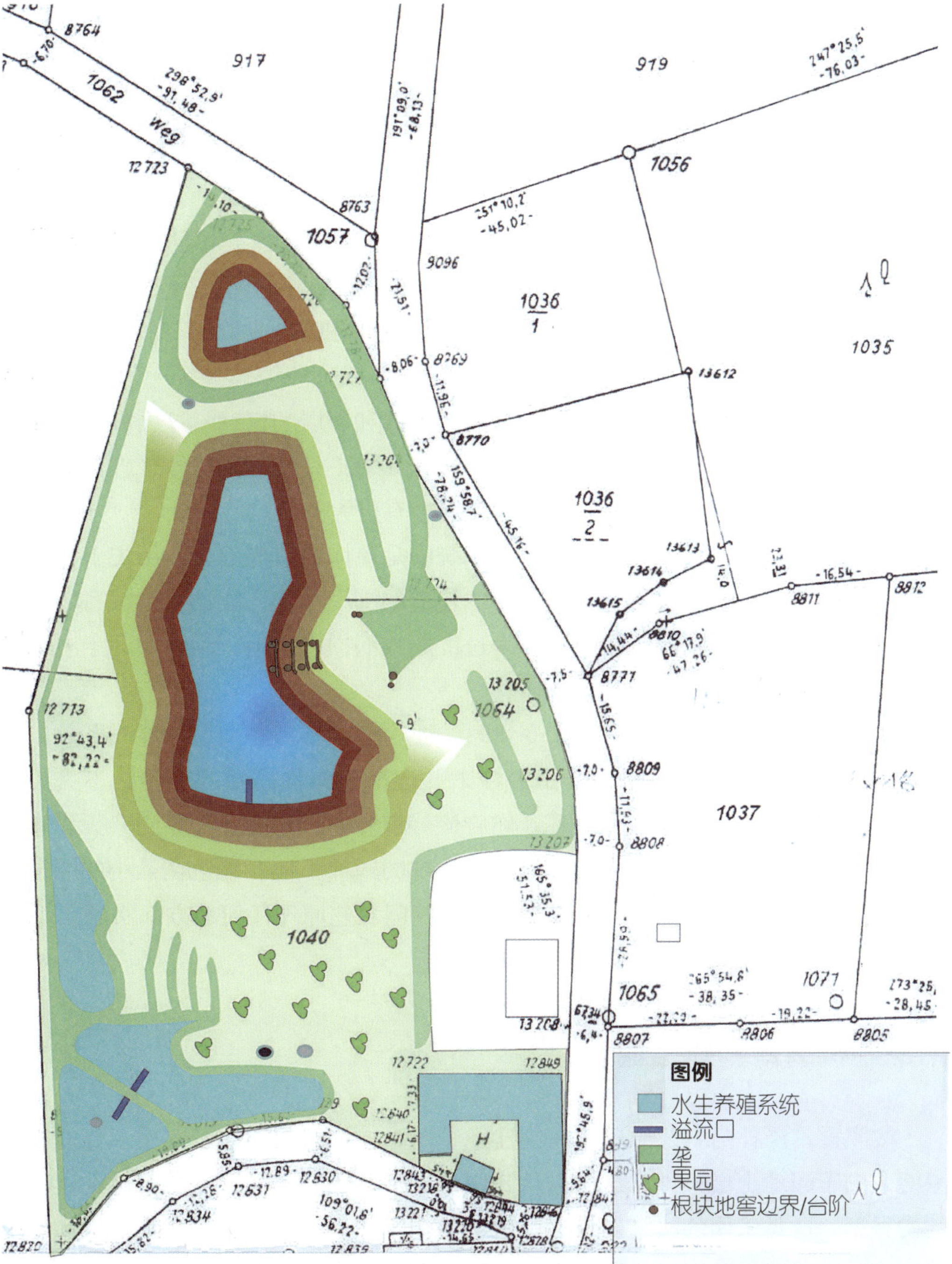

在奥地利伯杰兰德霍尔泽霍夫使用土地的可能方法

的。这些有助于创建无数的微型气候，微型气候给土地更大的耕作潜力。在不同的位置上创建干燥地区、湿地、树篱、防风林或垄，产生特殊气候条件。在这些地方，我能种植很多种类的作物，在别样情况下，它们不可能生存。

创建朴门农艺系统的时候，美化自然的可能性几乎是无限的。只要地面和土壤条件允许，做什么都可以。垄用来种植蔬菜和作物。台地为种植提供了更大的区域，也提供了到农场最远角落的通道。垄和台地能起到各种各样的作用。例如，如果一条公路或铁路线接近地边，或如果附近有一座工厂，我就能用垄排除射线、灰尘、噪音和烟气。我把垄安排在地边上，并且种上各种树和灌木。垄和上面的植被起到视觉屏障的作用，保护土地避免污染。垄长成了树篱，提供鸟类、刺猬及昆虫隐蔽处与居住地。像这样的树篱，在鼓励成群的有益动物和昆虫方面，起到实实在在的作用。

当你设计垄和台地时，你应该尊重财产界线和邻居的权利。这样做你以后不必处理任何节外生枝的事。我尽力遵章守法，如果不是在计划阶段或在创建时期这样做的话，在后期要获得当局必要的允许会有更大的困难。

牲畜（猪、鸡、鸭等）在朴门农艺系统中是整体的组成部分。历史上许多耕作中它们都有这种重要性。一个深思熟虑建造的围场系统，能让我把牲畜养在同一块地上，就像我的庄稼一样。不因为过度放牧而损害土地，动物实际上有助于我的耕作。

自然地，当你对地形做出巨大变化时，要十分小心。必须考虑地质条件以避免滑坡或水流侵蚀。结果是，开始慢慢来并逐渐积累你需要的经验，不失为上策。如果你想直截了当地大干一番，你应该寻求专业人士的开导。到今天为止，我还没有见过不可能建立和维持朴门农艺系统的一片土地。无论在最小的园子里或在最大的庄园里，无论在城里或在农村，朴门农艺原理任何地方都实用。

用挖掘机重新整理土地

按照霍尔泽朴门农艺原理，在创建系统时，挖掘机仅需使用一次。你能挖的深度取决于当地土壤条件。这可以从20厘米到2米至3米不等，取决于你在建造的结构类型。这类工作的法定要求在奥地利各州不同。这些要求对我来说大体上毫无意义。因为它们可以做各种各样的解释，而且其中的大多数是不现实的。如果你有一个项目违反了这些规定中的任何一条，那你得做大量的研究，并且做出令人信服的论辩。

用一台挖掘机疏松土壤到很深的程度，并且引进生物物质。不想要的植物生成物和根茎很容易被去除，又在土壤中起作用。这种技术的有益效果是持久的，土地将不需要每年翻挖。引进这些植物和根茎增加了土壤保持水的能力，也因此提高了水的平衡。除此之外，土壤疏松可以吸收氧气，哪里有氧气，哪里就有生命。即使你是第一次试验这个，你也会很快看出处理土壤的这种方式将带来最佳效果。它将给我们一个区域，让我们能播种、种植，使作物生长。

我想强调指出，去除和烧毁生物物质的做法是错误的。通过燃烧，大量的生物物质损失了。留下的少量灰用作肥料，容易被风吹走或被雨水冲走。积累起来的材料总是应该在发现它的地方加以利用。它可以用来建造圆木隐蔽所、围场和垄的地基，或简单地用作地面覆盖物。

用挖掘机的时候，我时常碰到底土土层，它阻止水适当地排除。疏松这些土层，搀上沙子，石头及腐殖质，是使土地丰产的持久办法。这有助于保证好的作物生长与土壤健康。

每5年到10年有些大的垄应该重做（取决于耕作的类型）。垄可能被牲畜弄平或压缩。同样，如果有太多的草长在垄上，草可能被踩踏并使垄结实。使用板结土壤挖掘器，非常直接地修复垄或重做垄。这项工作不妨用一台拖拉机和一台挖掘装载机或犁，这非常类似于维护白龙须菜垄的方法。你用的机械应该取决于哪种方法最便利，需要的能量最少。

与当局打交道

我必须知道的第一件事是，我想做什么以及成就这件事我需要什么。一旦我对我的项目信心满满，我就能找到一种方法使它变成可能。就我的经验来说，政府机构——无论它们是地方议会、农业部或任何其他当局——对于耕作很少给出有用的劝导。就我所见，当前实际上什么都不允许。如果我把它当真，那我的选择就非常有限。我创造性思维和革新的能力会半途而废。我得知道我要做什么和我擅长做什么。目前我需要一点与自然和谐相处的想象力与勇气。

谢天谢地，农夫想用他们的地做什么仍然是自由的，只要他们用地作农业用途。不幸的是，许多农夫被误导，认为他们只能做当局会支持他们做的事。如果他们想要津贴，项目将不得不正式批准；项目文件和计划将不得不提交当局。为取得农业信用贷款，大项目必须被批准，而且银行必须进行利润评估。沿着这条依赖与服从道路走下去的人，没有一个会有多大成果。

这里有个政府批准的项目如何进行的例子。你想做一个不引人注目的小游泳池，面积约有200平方米。或许你还想养些鱼或几只鹅或鸭，或者只是在你的地上有一片优美的水，所以你走正常程序，去到市政厅。他们告诉你你得去找水务局，弄清楚你的计划与当地的水利法规是否冲突，因为市政厅只管项目的建设方。你从农业部得到同样的信息。他们宣称他们会支持你的项目，但是你要提供由一个建筑师或水利工程师起草的计划及项目文件，现在批准程序正在全力以赴。后来才知道你需要从渔业局得到批准。只养几条鲑鱼在池塘里，你也需要做一个稳定性调查。最后，但并不是最不重要的，他们会调查这个池塘是否会影响你的邻居。这意味着你得把计划送给所有的邻居。

好了，你的邻居中有一位认为池塘可能造成某种公害。有人会掉进去，加之它只会吸引更多的蚊虫。蛙甚至蛇可能开始出现。池塘也可能侵占邻近的土地。你一路上遇到的障碍似乎无穷无尽。当你面对所有这些难题和繁杂拖拉的公事程序时，想在地里挖个池塘的许多人只好收场，决定性地说，放弃倒还更好些。然而只要创造力的火花一闪，你就能发现另一条道路。

例如，你发现你的土地的一部分自然潮湿，你可以去除所有植物生成物，并且把它做成浅滩。地面上的凹地不是有害物，因为水不会在地表水平之上。水只会聚集在凹地里。水面只横跨几平方米。最后浅滩会联结在一起。凹地也可以做得更深一点，几乎任何人都不会注意到它。它不会对任何人造成危害，因为实际上变化很小。

使用这种方法建造的湿地可以更大些。邻居们和参观者一样会观赏池塘及池中生长茂盛的植物。小孩会告诉他们的父母，他们对池塘很感兴趣。然后，或许他们会为自己努力做同样的事情。在这未必可能的事件中，一位邻居真的去当局办公室，抱怨说池塘没有计划许可证。你可以向水务局官员解释，许可证一直摆在那里。你只是采取措施维护它。

如果你一旦碰上一个有生态学头脑的官员，那么他们会同情你的探讨以及你已经采取的措施，接着简单地完事了。在其他任何情况下，当局得首先证明你有错。如果对事情有任何怀疑，就可以假设你在说实话。你恰好不得不继续努力。像这样群落生境的价值远超过官僚主义者要我们干的所有艰苦工作。你干的项目不要被人劝阻，被似乎是莫名其妙的法律或行政机构所威吓。只要稍加思考——于是你就能找到朋友，在你的努力中支持你。

创建朴门农艺系统

一般问题

许多人想以自然方式经营他们的土地，或从传统农耕法转变到朴门农艺耕作法，并且问我关于利用土地的最佳方法。我得首先问他们一些我想到的问题：他们的目标是什么以及他们对土地期待什么？他们想离开土地生活——无论他们只想自给自足，或生产食物只当作职业——或他们只是宁愿有一个舒适的地方休闲，并且种少数药草、水果和蔬菜为自己食用？他们对用他们的地种作物、饲养牲畜或做农林业感兴趣吗？这个地区会作为观赏植物园向大众开放，在某些地方他们能摘取自己的食物，或为了做宁静的治疗绿洲？对这些问题的答案是成功的基础。确切地做使你欢乐的事，激发你的兴趣和鼓励你对知识的渴求很重要。那么这份工作就不会感觉像做家庭杂务一样，而且自然会马到成功。

人们时常想实现他们童年的梦想。当他们最后使这些梦想成为现实时，见到人们多么高兴使我心满意足了。在设计阶段，考虑牵连到的人们的兴趣总是重要的。如果全家人对这个项目很热情，那么这就给我们更多的选择。配偶，孩子和父母都应该能够包括在计划和设计过程中。例如，如果大人给小孩一小块地做实验，并且由他们自己管理，绝大多数小孩都会兴高采烈。你只要相信自己，跟着感觉走，于是你会走上金光大道。你要知道你想要什么——直到那时你才会独立自主。

土地评价

一旦我制定出我想用地做什么，我就得更仔细地观察这个区域。土壤条件、海拔、气候、方位、地势、流域盆地、土地的先前使用和作物生长情况，这些是在计划朴门农艺系统时要考虑的重要因素。

方位和气候

土地的方位（土地面对的方向）和海拔在很大程度上影响系统的设计。很明显，在海拔低，地面平坦且阳光充足的地方，比在陡坡上或在高海拔处，建立一个丰产的朴门农艺系统容易得多。它需要的能量（就是说翻挖土地和种植的能力）少得多。然而即使在所谓“不利的”位置上，略施技巧，还是可以建立一个能运作的朴门农艺系统。

在高海拔处——从大约海拔1000米以上——我有意设计这个系统，来补偿生长季节短和温度较低。得到最充足的阳光很重要，并且一定要做到作物要避风。由高低不齐的各种灌木果树和开花的灌木构成的防风林非常有效。垄也有同样的效果。不应该形成风洞，否则土壤会开始变凉，并且失去珍贵的湿气。特别重要的是，在陡坡上要采取措施防止土壤侵蚀。我发觉台地和腐殖质储备沟以及确保永久性植被覆盖，特别对防止土壤侵蚀有效。

稍动脑筋，任何地方都可以应用朴门农艺原理。在陡坡上或甚至在岩石面上，种子可以播撒在裂缝或洞口里。例如，我播撒甜板栗种子在石头裂缝中。之

在一个小生境里，能晒到太阳而又免受冷风侵袭的地方，在海拔1300米处，蓖麻油植物、烟草、黄瓜、南瓜、法国南瓜、向日葵和许多其他植物，在这里多样化种植条件下茂盛生长。

后我用树叶填平裂缝，并且在顶上撒金雀花种。令我惊奇的是，最漂亮的甜板栗树长出来了，而金雀花花朵艳丽惊人。怎么回事？覆盖甜板栗种子的层层树叶给了它们足够的湿气发芽。甜板栗根从裂缝中找到它们的路往下进入土壤，而且甚至能强迫自己钻进岩石。微型气候帮助金雀花和甜板栗生长旺盛。

即使在高海拔处，面向南的山坡为种植蔬菜、水果和浆果提供了大量可能性。在那里，作物会有足够的时间照射阳光而成熟。然而，白天和夜间的温度差如此之大，以致使面向南的坡地易受霜冻。在春季，晚上结冰白天又融化对作物危害特别大。这就使得选择耐寒的品种特别重要。在干旱的夏季，面向南的坡地土壤容易干燥。再次提醒，用绿肥作物保持土壤得到覆盖，会帮助和保护种植的作物。光秃的土地很快干燥，于是没有防风防雨的保护能力。这导致土壤侵蚀和营养物流失。

在仅有几小时阳光的面向北的坡地和地面上，选择早熟品种是重要的。在这些条件下它们仍然能充分成熟。为充分利用温暖和阳光，我用许多不同的技术捕获热。例如，在山坡上做一个壁龛是可能的。你应该安放尽可能多的大石头在山坡上。它们像砖石做的炉子一样储存热量，然后又慢慢把热释放到周围区域。我把需要大量热的植物安置在石头旁边。如果可能，在壁龛的前面我安排一个池塘或湖泊。于是太阳的光线被水面反射，使得壁龛的总体效果增强了。这有助于壁龛收集热，因此，能晒到太阳又不被冷风侵袭的壁龛，能为其目的服务。这样做，即使要求非常温暖的作物，也可以种植在高海拔处而且是面向北的坡地上。

土壤条件

特别重要的是，你处理的土壤的质量，你要有一种感觉。对土壤性质我了解的越多，我就能利用得越好。如果你要重新整理土地，做一个对土壤的准确估价是极其重要的。你必须认出而且确定滑坡的任何风险。查明有什么水资源也是个妙计。有沼泽地或水已经聚积的地方吗？土壤类型是什么？是轻质土、中质土或是重质土？土壤有多深及腐殖质发展得有多好？如果我的设计要成功的话，我得回答所有这些问题。我评估土地的能力，帮助我选择最会改良土壤的作物。土壤越肥沃，朴门农艺系统将会越成功。

正是土壤的结构决定土壤好与坏。最好的土壤有易弄碎的结构。在易弄碎的顶层土壤上，作物更容易长根。其高毛孔量意味着，它像海绵一样吸收水及营养物。生活在土壤中的许多无脊椎动物和微生物，帮助创造这种易碎结构。这些生物的其中之一是蚯蚓。蚯蚓对土壤的积极作用已众所周知，蚯蚓粪的易碎结构也显而易见。

考虑土壤的pH也是重要的。这由土壤的矿物质成分来决定。可是，像土壤的绝大多数性质一样，它可以被生活在其中的植物、动物及微生物改变。有些植物喜欢酸性土壤，而其他植物在碱性土壤中长得更好。绝大多数栽培的作物在偏酸性的土壤（pH介于6和7之间）中长得最好。接近中性的pH对土壤的健康特别好，因为生活在土壤中的绝大多数微生物，在这些条件下可以对作物起到最好的作用。它们越能有效地起作用，生物物质和腐殖质产生得就越快。土壤酸性的增加经常是由单一种植以及使用化肥造成的。酸性土壤会导致营养物被水冲走，而且失去了土壤的易碎结构。反过来，这对土壤中空气和水的平衡有消极的效果。

*** 土壤评估**

如果你想做详细的土壤分析，你可以取一份土壤样品，检验测定其营养含量、成分和pH。环境工程研究所（例如在格雷兹或因斯布鲁克）或许多私人公司之一会提供这些服务。在任何情况下，我想重要的是，养成你自己对土壤的感觉。有一种试验和检测的方法，用来决定土壤类型。它叫作“手指测试”法，并且很容易进行。

取些新鲜土壤（不是干的）进行这个测试，并且在两个手掌之间或手指和大拇指之间搓动。黏性和造型的难易程度随土壤类型而不同。用同样的方法你也可以发现土壤团粒有多大。我决定的第一件事是，土壤是否是“轻质”的，由沙子或肥沃沙粒构成；或“中质”的，由沙性沃土构成；或“重质”的，由沃土、黏沃土或黏土构成。土壤的“重量”取决于所构成的土质结合得有多好。

首先，我试着在两掌之间搓动泥土，直到大约有铅笔粗。如果这不起作用，就说明土壤是沙质的。要不然，我至少在处理沙质沃土构成的“中性”土壤。如果我能卷起泥土，到前面那个的一半厚，那么它就是重沃土或黏土。要说出这两者之间的不同，我可以把卷土团打破成两半。有光泽的土层表示黏土，而无光泽的土层表示沃土。

***“轻质”和“重质”土壤的特征**

“轻质”土壤很通气而且很快热起来。可是，它细小的团粒结构使得它储存水和营养物的能力低下。这意味着植被的覆盖一直很需要。植物会帮助生产腐殖质而且防止顶层土壤干燥。另一方面，“重质”土壤容易保持水分，营养含量较高，因为土壤更有效地储存营养物质。“重质”土壤通气差，就是说它倾向于结实。它的平均土壤温度较低。植物要在其中固定它们的根很难，正像人们很难耕作它一样。当处理这种土壤时，垄有许多优势。建造垄疏松了土壤，而且生命物质的引进有助于使它通气。通气良好的土壤更快地温暖起来，并且很能保暖，因为空气不会很快地传热。

通过采用大石头储存热，太阳能可以被利用，而且土壤的平均温度会提高。我使用小型结构、防风林、树篱和一排排的树，使总是刮得很快的风慢下来。这些东西阻止风把所有的热量吹走，用较高的土壤温度，造成一个有用的微型气候，在那里我可以种作物。平均的土壤温度是作物发芽和生长的重要因素。甚至生活在土壤中的微生物在较高温度下活动更积极。分解作用发生得更快，于是在很短的时间内，我有高质量的腐殖质来种作物。

*** 标志性植物**

生长在一个区域的植物，告诉我们大量关于营养比率、pH和土壤在一般条件下的情况。稍作实践，根据生长在这个区域的植被，可能评估土壤条件。如果有荨麻、猪草或法国菠菜，那么土壤就富含氮。在这种土壤里，我种植需要大量营养的作物，像块根蔬菜和块茎作物。如果有大量含酸液植物，土地就适合种植耶路撒冷蓟和向日葵，因为它们吸收过剩的氮，而且提供珍贵的绿色物质、块茎及种子。用这个方法我夺取了法国菠菜和荨麻的营养物质。它们很快被其他作物遮蔽，其他作物已经长高，并且开始枯死。

当你评估土壤条件时，重要的是不要排除任何作物。为做一个准确的分析，你会需要尽可能多的标志性植物。某些植物的组合或一个超过平均数量的植物，或某些品种，能帮助你立刻决定土壤条件。为在这方面给你一点启示，我做了一个标志性植物的简短名单。

富氮土壤：
繁缕（*Stellaria media*）
刺荨麻（*Urtica dioica*）
一年生荨麻（*Urtica urens*）
牛欧芹（*Anthriscus sylvestris*）
猪草（*Heracleum sphondylium*）
接骨木（*Sambucus nigra*）
普通法国菠菜（*Atriplex patula*）
蟋蟀草（*Galium aparine*）
荠菜（*Capsella bursa-pastoris*）
肥母鸡（*Chenopodium album*）
艾蒿（*Artemisia vulgaris*）

贫氮土壤：
甜春草（*Anthoxanthum odoratum*）
绵羊茅（*Festuca ovind*）
鼠耳鹰草（*Hieracium pilosella*）
谷类春黄菊（*Anthemis arvensis*）
宽叶百里香（*Thymus pulegioides*）

碱性土壤：
草地鼠尾草（*Salvia pratensis*）
野鸡眼（*Adonis aestivalis*）
分岔飞燕草（*Consolida regalis*）
色拉地榆（*Sanguisorba minor*）
水苏（*Stachys officinalis*）
变豆菜（*Sanicula europaea*）
兰色沼泽草（*Sesleria varia*）

酸性土壤：
羊酸模（*Rumex acetosella*）
欧洲蕨（*Pteridium aquilinum*）
石南（*Calluna vulgaris*）
越橘（*Vaccinium myrtillus*）
谷类春黄菊（*Anthemis arvensis*）
爬行软草（*Holcus mollis*）
摇发草（*Avenella flexuosa*）
蒲席草（*Nardus stricta*）

干燥土壤：
牛舌草（*Lycopsis arvensis*）
瘰疽草（*Erophila verna*）
宽叶百里香（*Thymus pulegioides*）
金色木茼蒿（*Anthemis tinctoria*）

潮湿土壤：
木棒灯心草（*Scirpus sylvaticus*）
紫色沼泽草（*Molinia caerulea*）
谷类薄荷（*Mentha arensis*）
爬行毛茛（*Ranunculus repens*）
款冬（*Tussilago farfara*）
软灯心草（*Juncus effusus*）
结实灯心草（*Juncus conglomeratus*）

结实土壤：
野木贼（*Equisetum arvense*）
蒲公英（*Taraxacum officinale*）
大蕉（*Plantago major*）
银叶草（*Potentilla anserina*）

指标植物

富氮土壤

蟋蟀草

艾蒿

繁缕

贫氮土壤

宽叶百里香

田边草

潮湿土壤

紧密灯心草

匍匐毛茛

板结土壤

银叶草

酸性土壤

草席草

小酸模

干燥土壤

金盏花

碱性土壤

变豆菜

草地鼠尾草

水苏

*** 不同类型土壤的耕作经验**

我在奥地利和国外经营的科研项目中，处理过不同类型差别极大的土壤。当我第一次勘察土地时，在不同的区域挖了许多测验沟，使我自己了解土壤条件。小到10～20米以内，土壤会大不相同。可是也可以大面积地保持同样。例如，在这儿克拉米特霍夫农场，土壤条件在很小的范围内显著变化。然而在我的项目地伯杰兰德，这些变化缓慢得多。如果你在计划对你的土地做大规模改变，无论你想建造台地、水园或池塘，你会需要使用完全不同的方法，这取决于土壤特性。

在克拉米特霍夫农场，更深层的土壤（2~3米深）由截然不同的粗糙多石的土质构成。如果我想在这里建造台地或池塘，那我得分离这两种土质。为了做到这点，我挖起需要的土，并且筛成一个高土堆。最好用一台挖掘机来做这件事。它能舀起土，而且尽可能高地把土撒开。细土会留在中间，而粗土会落到边上。当我在建造台地或池塘时，用粗土垫底使结构安全，而用细土建造台地，因为它形成肥沃的土壤。或者我用细土做池塘底，使它不漏水。

左　在泰国（沃土上）一个朴门农艺科研项目的测试地沟。
右　在奥地利奥西尔兰德的伯塔朴门农艺科研项目测试地沟。土层能清楚地看到。（腐殖质，砾石和沃土）

肥土要求截然不同的策略。如果你在计划建造一个池塘，除了应该经常分离的腐殖质层以外，你就不必分离土质。用这种土壤密封池塘不成问题。挑战在于稳固较深处的池塘壁。肥土有高水平的水保持力并且吸水很快。这意味着它容易变成稀泥，并且需要很长时间才会干燥。 这就是说重质黏土和肥沃土壤不应该筛成高土堆。即使你用挖掘机或压路机把土壤弄板结，由于它含水量高，你还是不能稳固土壤。如果土壤的累积重量太大，压力增加会慢慢地挤掉土壤湿气。

分离的土壤最后在压力下支撑不住，泥土会像没做成功的饼子一样下沉。地面上裂缝开始形成。当池塘加了水或如果天下了雨，有水会进入池塘内壁的危险。这可能导致池塘内壁滑落。这就是为什么这类分离的土壤只起较长一段时间的作用。任何进一步的工作进行之前，被分离的泥土必须有时间稳固。一旦土壤有时间干燥变硬，它就能承受附加的重量。

设计理念

试验区

我小时候照料的小园子是我起初的试验地。这些年来我的试验地逐渐扩大。通过试验，我学到了关于自然的大量知识。我的好奇心不断增长。现在我的土地大约有45公顷，它的确成了一个非常大的试验区。虽然我明知在我的农场上什么作物会生长旺盛，但是我总是决心播种新的作物。结果从来都使我惊讶。按照专家的意见，不能生长在这里的作物，却能不经意地栽种在克拉米特霍夫农场上。如果我不做试验，我永远不会想到这是可能的。譬如，在能晒到太阳而又免受冷风侵袭的地方，我能种许多品种的猕猴桃、柠檬和葡萄。

在海拔1500米以上的老牧场，我栽种古代谷物。这也是一次试验的结果。我播种单小麦、二粒小麦和古西伯利亚谷物，然而使我惊讶的是，即使在这个高度上，它们到九月就充分成熟了。虽然隆高在萨尔茨堡州是最冷的地区——因此而得名叫“奥地利的西伯利亚”——尽管高海拔，谷类能在这里栽种。许多专家宣称隆高不适合栽种谷类作物，还说更高的区域就更不适合了。尽管如此，在海拔1500米的我们的农场上，大麦、小麦、燕麦、黑麦，甚至亚麻和向日葵都充分成熟。然而，这只对耐寒的老品种而言。不像欧洲批准的标准种子，这些老品种能

海拔1400米处的果园：不同品种色彩斑斓的分类，无数辅助植物巩固了系统。

适应最贫瘠的土壤和最极端的温度。我在高山牧场种植的谷物，营养价值及含量比单一种植的谷物好得多。

在这个海拔高度上，许多不同种类的灌木果树和果树长势喜人。自然地，这些栽培物与低地区的栽培物相比，不会有同样的收成。科学研究证明，当许多果树种植在更高的海拔高度上时，它们的营养价值增加了。这主要是夜晚严寒的结果。寒冷的夜晚有助于改进水果味道。生长在这些所谓“不利的”位置上，也有可能提供高质量的，芳香的水果，而且是在一年中竞争很小的时候。专门使用有机水果和浆果的酒厂对此情有独钟。我们的产品被用来制造酒、果汁、醋与苹果酒。价格比普通市场价高，因为产品是高质量的。与种植在“有利”位置上的水果收成相比，这就大大弥补了高山水果产量低的不足之处。

我的果树种在海拔1000米的野生动物区，一直上去到1500米高的兰舒兹，它是以本地的山而得名的一个地区。在野生动物区，卡西尼早樱桃到6月底就充分成熟了，而它们在兰舒兹到9月初才能收获。无核小葡萄、梨和苹果的情况也大致相同。在我们农场上，海拔1000米处，“白魁和早艳”苹果在8月中旬成熟，可是在1500米处，从9月中旬到9月底才成熟。在海拔1100米处，8月底白魁苹果是那样的面，以致它不能再用来制作果汁及苹果酒。然而在海拔1500米处，到9月底它仍然是做果汁及苹果酒的优秀品种。

在试验中，我也引进了蘑菇。按照专家的说法，香菇只能在低海拔地区栽培，因为它们很需要温暖。作为一个试验，在海拔1500米处，我向一根50厘米粗的橡木注射了香菇菌丝。之后，我把木头埋进地下30厘米深处，因为菌丝可能已经在生长，所以，又以同样的方式抬高，给它提供必要的水。两年以后首批香菇出现了。然而香菇是那么地多，以致整块橡木都被覆盖了。香菇继续不时地出现，直到第一次下霜。已经有十多年了，可是木头每年仍然在生产新的香菇。过去几年，香菇甚至已经开始从木头周围的地上冒出。10年来我没做什么来帮助香菇生长。我只是收获它们。

这次大获成功以后，我决定尝试在活树上种蘑菇。我用手钻在许多阔叶树上打洞，并且把菌丝注射进去。自然而然，每棵树我只种一种蘑菇。不幸的是，试验并未成功。这些树排斥菌丝，而且打的洞都愈合了。然而，蘑菇出现在树周围的地上。原因是这些树被注射之前成圈地剥了树皮，结果，树周围的地上也有树皮。公认地，使用这个方法栽培的任何作物，产量都会有限。因为这些树一年内会死去，于是这些树很快被风吹倒或被雪压垮。

试验区很重要，而且你应该永远不停地做试验。比起你发现写在书中的东西，自然界有更多的东西是可能的。不过，只有你准备好失败又准备好学习时，你才会发觉这点。

微型气候

对任何朴门农艺系统来说，微型气候是非常重要的方面。每个微型气候形成一个特殊的群落生境，由一个引人注目的特定植物群落形成。大量动物在那里找到食物和栖息地，繁殖和避难。不同的微型气候，也给有益的昆虫一个繁殖的地方。这就是为什么我努力创造尽可能多的微型气候，遍及朴门农艺系统的原因。植物和动物的多样性有助于创造一个系统，在其中每一个物种会找到它的自然平衡。这是防止任何一个物种的数量变得占优势，从而减小整个生态系统完整性的唯一方法。

微型气候就是本区域内的气候条件，完全不同于周围地区的气候条件。这就

岩石面上的微型气候：生长在岩石上的实心面条南瓜。

是说这些区域可能比较地干燥、潮湿、遮阴或阳光充足——完全取决于需要微型气候做什么。这让我在一个相对小的范围内，为种类大不相同的植物创造正确的生长条件。

微型气候能自然地发生在大石头附近，岩石裂缝中，树干空洞里，树桩附近，在树篱中或在树林和灌木中。通过建造台地、垄和沟，有利的气候条件也可以在一个区域创造出来。特别重要的是，保持台地和小道的线路尽可能地又圆又弯。直线会形成风洞，而弯曲的形状可以造成小生境。这些小生境能避风，而且能起到晒到太阳而又免受冷风侵袭的作用。在特别暴晒的地方，我也做成小山和洼地，减少天气的影响。

我去南非、巴西北部和哥伦比亚的途中，看见大片的土地荒芜着。土地完全没有受到保护，正受到侵蚀，所以逐渐干燥。确切地说，正是在这些国家我们需要微型气候，改变不毛之地成为良田。例如，在这种土地上我能种植特别耐寒而又快速生长的树木，创造一种“先锋林”来保护土地，免受侵蚀又预防它干燥。然后，需求量更大的果树可以安全地种植在最初创造的微型气候中。一旦它们稳固并且长得足够大，先锋林就不再需要了，可以砍掉用作木材。创建耕地的另一种方法是用大树枝条和灌木等做成垄。然后我就可以引进像芒果或番木瓜，种到垄上。虽然不同的作物像木薯，或生产珍贵木材的树种也可以播种。种子可能会休眠一段时间。起初，它们不会遇到发芽需要的条件，因为土地会仍然太干燥。不过一旦雨水来了，水会开始聚集。垄里的生物物质会保持水，而且会慢慢地开始分解，让种子发芽。

覆盖物、树叶和草，可以用来阻止正在发芽的种子被晒干。铺上金合欢枝条或任何其他带刺的枝条在新近创造的微型气候里，会保护选种的作物避免被动物吃掉。我不得不尽量把这些地方布置地不适合这些动物接近。如果可能，我安放一整棵刺灌木或树在垄上。它会枯萎，但它是庞大的，会使动物走开。它保护作物同时也慢慢腐烂变成肥料。

同时我也播种许多动物喜欢的作物，因为这是唯一用来保护那些我不想让动物吃掉作物的方法。这个通常保护作物的庞大东西（树）还有一个潜在的优点：它把风吹来的细土存留在垄上，一个小生境就开始发展。这个系统开始发挥作用，保持湿气，保护土壤不被侵蚀和防止作物被吃掉。

在苏格兰高地，情况完全不同：我访问的地区几个世纪以前就被开垦了。现在除了几百英里石南丛生的荒地外就一无所有，连一棵树都见不到。降雨量很大，而且风力很强又从不停息。这使得除了石南及苔草以外的任何东西都难以生长。土壤的pH已经降到4和5之间，所以从这样的区域获取任何收成将会是最少的。像这样的区域，建造能晒到太阳而又免受冷风侵袭的田园和防风林尤为重要。

在落叶松树干的保护下，苦橙（*Poncirus trifoliata*）也能茂盛生长。

鉴于有那么多石头，可以建筑小石头墙与岛。在岛屿的庇护下有避风处，而且石头平衡了温度。风也沉淀细土，而且腐殖质层逐渐开始形成。

在石头之间，我种植和播种不同品种的柳树、野玫瑰、金雀花、羽扇豆、甜三叶草与雏菊，作为先锋作物。苏格兰的朴门农艺系统正在突飞猛进。既然起初的小尝试已经成功，完全有可能创建一个大型的生境，可能会用到机械挖掘器。随着系统的发展，地面会开始像一块碎泥地毯。要创造许多不规则的地形，这将产生无数的微型气候。这样做，作物多样性会继续增加。

当你在建造台地和垄以改进微型气候时，你应该把现在的气候条件考虑进去。在多风又多雨的地方，你会需要做与你在炎热而干燥的地方尝试过的东西相反的事。例如，在苏格兰高地，我查明适当的位置上总是有排水设施，抽出过剩的水。如果我没做这件事，垄会变成酸性的。在比较干燥的区域，水无论如何不能被排除，相反，土地应被设计来保留水。

当植物物质在垄内分解时，热量被释放出来，而这有利于使土壤健康的土壤生物。选择正确的作物会降低土壤的酸性，并且让大量植物生长在石南丛生的荒地上。在苏格兰做试验期间，我明白了我们需要更高的栅栏，来防止作物被动物吃掉。黑琴鸡和柳松鸡都能飞过试验区周围两米高的栅栏，啄食作物及幼苗。

在克拉米特霍夫农场，微型气候的有益作用，还让我冬季能在外面种植仙人掌（多刺的梨；霸王树），在特别温暖且有阴蔽的区域，种杏树（*Prunus armeniaca*）、甜板栗（*Castanea sativa*）、葡萄、猕猴桃（*Actinidia deliciosa*）。鉴于这些植物如此怕冷，要确保附近树上的树叶可以落下，像一床毯子保护它们过冬。

台地和小道

很长时间以来，人类知道使用台地系统的好处。在亚洲、南美洲、非洲和欧洲，几千年来，人们一直使用台地来种植谷类、蔬菜、咖啡、茶叶、药草和葡萄。在陡坡上做台地有助于防止土壤侵蚀。珍贵的腐殖质保留在坡上而不被冲

在伯杰兰德新建的台地。在这块朝南面的草地上，获得了相当大面积的额外耕地。

走。台地储存和吸住湿气，以便作物长时间接近雨水和雪水。台地为耕作增加了可用地，耕种更愉快，比陡坡容易接近得多。你可以散步其中，观赏四周风光。土地的使用方法会增加，并且土地价值会提高。设计得好的台地，使滑坡和泥石流的危险减到最小，而且也极大地改进耕作区域的微型气候。我倾向于设计台地，以便它们既能用作小道，又能为机械化农业设备提供方便。两种用途可以结合起来，我两者都有了，即台地做小道，小道做台地。两种可能的用途总是对我敞开着。当然，只要没有一块台地用作小道的时间太长，这个办法才会起作用。否则土壤会变得板结，作物会受害。当它们处在耕作状态下时，走进台地仍然是可能的。但是务必要靠近地边走。

创建台地系统

*** 宽度**

创建任何台地之前，想好要怎样经营它们是很重要的。你也应该考虑到打算使用的任何机械所要求的宽度，以便耕作时作物不会受伤害。最好先弄清楚整块台地能否一次性耕作或收获。这样做，使用的力气最少，又使机械造成的损失减到最小。据我的经验，经营两块台地，每块宽度为5米，比起经营单独一块10米宽的台地要容易，且收益颇丰。创建一块较窄的台地要移动的土也少得多。当你计算台地的最佳宽度时，重要的是考虑目前坡地的斜度。坡地越陡台地就应该越窄。坡地越缓台地就越宽。主要的土壤条件也应该加以重视。在很陡的坡地上，细粒沃土要特别照料，因为这就是最大的侵蚀危险所在。在这些条件下，我只有造非常狭窄的台地。

*** 坡度**

台地的坡度取决于便于接近和开垦其他地块。坡度应该尽可能低，而且不超过15度到20度。台地的布局应该使尽可能多的土地能到达。修捷径和小道来连接台地，不失为明智之举。为的是当你想维护土地时，你不必走台地的整个长度。断头路浪费时间和精力，应该避免。如果土壤是多石的，台地地边的斜度可以是1：1。在多沙的或肥沃的土壤上，以大约1：1.5到1：2的坡度，取得最佳效果。

克拉米特霍夫农场的台地地形。

* **起步板和分离材料**

为稳定地边，需要建筑起步板。表土层和下面的土层应该被去除，直到你挖到坚固而稳定的土质。起步板形成地边的基础，角度稍微向山偏。下一步，地边要构筑起来，代替原来掘开的土层。表土层形成最上面的土层。

这项工作用一台挖掘机能很容易地进行。专用的挖掘机能适合最小的地方；一台微型挖掘机能穿过园地大门，一台步行挖掘机或“蜘蛛”挖掘机甚至能爬过栅栏。当选定了恰当的设备来完成这项任务时，工作会突飞猛进，而且避免了任何不必要的烦恼。

步行式挖掘机（“蜘蛛”）甚至能在粗糙地面上工作。

小心翼翼地处理表土层十分重要。当挖掘机操作员或责任人没有足够的经验，不能保护表土层时，错误频频出现。犁地太

起步板

猛，土质没有被分离，而且忘记了起步板。泥土撒得到处是，自然地这使得以后的种植非常困难，也增加了滑坡的危险。

* 水的利用

在雨水少的区域，我努力使台地稍微向山偏一个角度，有助于保留水分。为稳固台地并且在大暴雨时确保它们安全，重要的是要确保这些空地不会冲成水道，否则会造成重大损失。具有肥沃的底土层，管理好水尤为重要。你决不应该把水道或沟渠向山那面偏一个角度，因为最高的那块台地可能浸满了水，于是极大地增加了滑坡的危险。在重质土壤上，必须大面积地把地表水排除，方法是以稍微向下的角度创建台地，这会取得最佳成效。用这个方法你可以建造水道，把大量的水安全地排除去。

当插入小道与道路时，通常是挖沟渠，并且在间隔50～100米处设置水道。不幸的是，平常很少有人注意是否有水；附近的底土层对水的增加会怎样反应，或作物对付浸透水的土壤的能力有多好。这种漠不关心的态度造成植被被水淹而死亡，而且最后导致泥石流和岩崩。

依我看，无论何处只要水可能聚集，就要把它分开，方法是使小道和道路的中心比两边稍高。这不会导致形成水道，而且水能够以它自己的速度流动，不致于造成任何损害。当然，这对溪流或泉水没有作用，它们应该通过小道和道路底下的管道流出。简单地转移之后，它们可以回到自然水道上。

流经干燥、多石或多沙的土壤，水会渗透更深的距离。沟渠对提高周围土壤的湿度水平特别好。它们储存地表水或径流，让湿气渗入土壤中，让土壤保持湿润。这为周围的作物提供了非常好的条件。沟渠也富含有机物质，为许多生物提供水和栖息地，因此提高了有益动物和昆虫的数量。

*** 稳固系统**

在生长季节，大片的连绵不断的土地不应该改动，因为这会增加滑坡的危险。这就是为什么我用很长一段时间才逐渐完成大规模项目。在第一年里，台地建造在坡顶、坡腰和坡底，接着就栽种。第二年，在原来的台地之间建造更多的台地，因为原来的都很稳固。在陡坡上，第一块台地应该开始于最低点。然后你应该一路往上开辟。当你正在开挖时，如果腐朽物质开始下滑，下面的台地会拦住。于是腐朽物质与土壤结合起来。为了更加稳固和储存热量，石头可以安放在台地上。

克拉米特霍夫农场新建台地系统：台地大约有4米宽，在地边上种植各种木质坚硬的树和果树。混合的物种（芥末、亚麻、雏菊和马铃薯）已经在开始成长。

台地建成一年之内，珍贵的生物已经生产出来，其中大部分留在地表上。习惯于单一种植的云杉树生长在过去是贫瘠和酸性的土壤上。台地使得栽培更多生长需求高的作物。

选择恰当的作物对稳固坡地大有作用。根系生长到不同深度去的作物大有用处。挖掘机的工作一旦完成，新台地应该立即播种和种植，因为这时土地侵蚀的危险是最大的。台地刚好建成之后，土壤松散潮湿，这为种子发芽提供最佳条件。下雨的时候，种子会从疏松的腐殖质层深入土层。接着土壤可以用树叶或草覆盖。当作物正在长根的时候，覆盖物有助于保持水气，而且提供作物附加的营养。

为保证树和作物长好根，重要的是，地边非常稳固而且用富含腐殖质的疏松土壤建成。我的方法不同于传统造台地的方法，传统台地陡峭的地边用沉重结实

在伯杰兰德，一个有台地的池塘（旁边有非常狭窄的台地）。水平面可以调节到任何高度。在需要时，台地也可以被淹没。夏季的蒸发创造了有益的微型气候。在炎热干燥的夏季月份（即南伯杰兰德的浅洼区气候）里，这是一个真正的好处。

的土壤建成，然后弄平滑。结果种子容易被风吹走，或者被雨水冲走。在这些土壤被弄平的区域，种子会更难于发芽生根。

经营台地耕作

台地可以用来种植任何想收获的作物；它们可以像田一样被耕作。重要的是，台地一建成就要耕作和维持植被。如果表土层足够好，需要种的作物，如像蔬菜和谷类，可以直接地种植。要不然，就需要种绿肥作物，并且在作物栽种前准备好土壤。作为植被，草地花卉也是很好的。如果附近有一块野花草地，很久没有割过，你会在那里发现足够多的种子。

你也可以增加芳香作物和药用或烹饪用草本作物，构成种子混合物，形成茂盛的作物群。在贫瘠的土壤上或在陡坡上，根深的绿肥作物像甜三叶草和白羽扇豆是最好的。它们用深根系统稳固台地。它们也用固氮能力改进贫瘠土壤的营养含量，而且使其他作物也能得到氮，这是共生细菌帮助的结果。在比较潮湿的区

各种果树和花楸树伴随羽扇豆，长在克拉米特霍夫农场的台地边上，用来改良土壤。

域，可播种杂三叶草，而且白三叶草和黑苜蓿可用作植被。适合做植被的其他作物可以在“绿肥”一节中找到。

甚至在第一年，植被就有助于为台地耕作创造大量的生物物质。这些植物产生腐殖质，而腐殖质继而改进土壤肥力。使用这个方法，在过去的岁月中，我已经设法在一度是酸性土壤的先前的云杉树地上，栽培最需要的各类蔬菜。到秋季植被已经开始分解，它会保护土壤避免霜冻。土壤不会那么快冻结，这意味着在上层土壤中的无脊椎动物和微生物，在春季和秋季会生存更长时间。在夏季和秋季割草，并且把它运回去作干草的做法是可怕的错误。我们必须抛弃清规戒律，当今，那么多的人信奉和承认“杂乱无章”才是自然。

一旦土壤足够肥沃，作物就可以种上。台地之间的地边提供相对干燥和温暖的条件，当种植作物时，这一点我总是牢记心间。种植水果灌木和树在这些地边上，我取得了最佳效果。如果选择恰当的品种，在蔬菜和谷类收割之后，水果和浆果在秋季成熟了。季节性作物的这种用法使土地得到充分的利用，并且避免了作物被损害的风险。当我在选择树和灌木时，我选择对我有用的品种，而且能很好地适应当地条件的作物。

腐殖质储存沟

对地面做任何改变时，特别是创建新的台地时，我在适当的地方挖沟留住腐殖质和水。这些沟收集任何来自暴雨或冰雪消融形成的过剩水。它们星罗棋布于整个朴门农艺地貌上。我把沟挖得又长又宽，又有洼地，以便水被大面积吸收。下面的台地和垄会稳定地有水供应。重质土壤上的沟要多加关照：滑坡的危险最大！最好小规模开始，并且密切观察系统。

沟的两边应该稍微向上倾斜，而且把它安排得紧靠山。关于创建台地，正像我先前说过的那样，不要让水形成水道，否则会造成巨大的损失。两边稍微倾斜有助于防止这种事。如果山上已经有洼地，可用一台挖掘机很容易地把它们弄成沟渠。为做这件事，挖掘机用一个两米宽的“铲斗”，它用液压系统，可以向任何方向转动。在这种情况下，通常不必挖沟渠，你可以仅仅用铲斗的底部把土壤打压下去，使洼地更深。

有些沟渠整年都充满水，而其他沟渠间歇地干涸，原因在于沟渠的位置和大小。这些沟渠的好处是，下大雨的时候，珍贵的营养物和腐殖质会集中在地表水

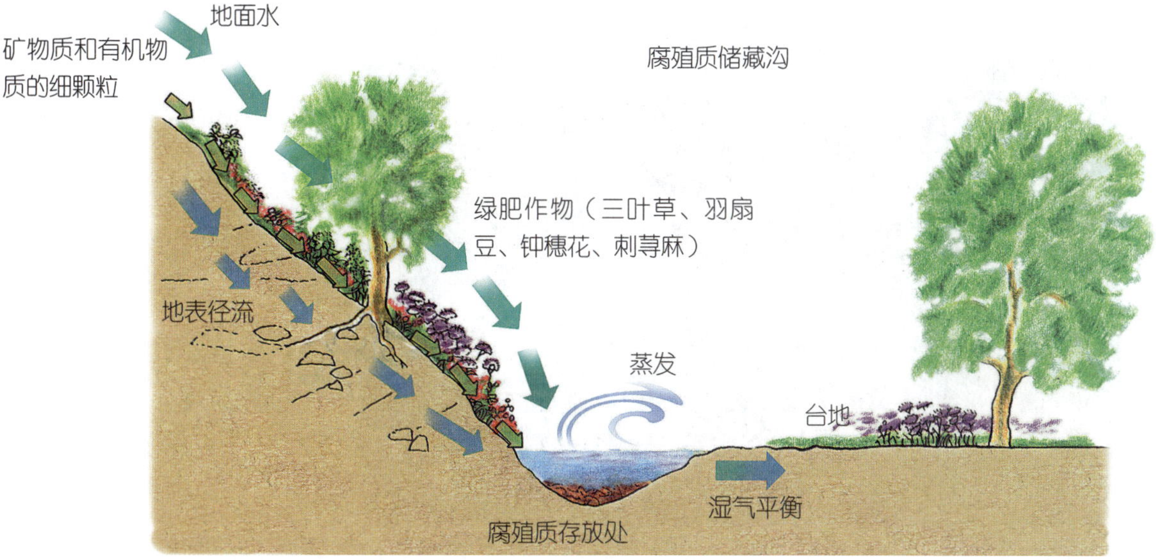

中。一旦水位降落，就容易提取和使用这种物质在新系统中、地边和作物上。这样做，最好的腐殖质，富含营养物，会供应给茂盛成长的作物。

以这样的方式使用沟渠，对我的土地水文学也有非常正面的效果。聚集的水慢慢蒸发，对附近的植被带来了长期的重大好处。炎热夏季，在干燥的区域，水库对保护整个朴门农艺系统的自然平衡，起到了实质性的作用。挖掘沟渠不费吹灰之力，管理土地时又很有用。

垄

高耸的垄比在地面水平上的普通垄有更大的好处。它们创造微型气候，而微型气候按照其位置，与阳光射线和流行的风向的关系，给各种作物提供了它们需要的条件。垄造得很松散，有助于土壤保持更多的水，土壤像海绵一样吸收雨水。水被储存在垄的较低部分和垄之间的凹地里，而高的部分干燥得很快。结果既有干燥区域又有潮湿区域。垄的高耸部分很快温暖起来，在气候比较冷而海拔较高的地方，这是一个大优势。通气良好且种植恰当的高耸的垄，能有助于放慢表土层的冻结速度。如果垄由有机物质构成，垄的内部会慢慢开始分解。这会释放热，反过来它改善了种子发芽和作物生长的条件。分解也释放营养物，这使得

垄与台地形成一个火山口型公园。

有可能种植需求高的各种蔬菜，而不用化学肥料。高耸的垄的形状为耕作提供了更大的面积。在小块土地上——像城市花园——获得这种额外的空间，是特别重要的。最后，建造高耸的垄为田园和地形设计提供许多激动人心的可能性。

设计理念

在为数不少的园艺书里，要找到建造高耸的垄的指导，变得轻而易举。当中的绝大多数为建造完美而高耸的垄给的尺寸小到厘米。这种类型的详细指导使得严格地按照说明建造垄很容易，但是自由思维和创造力瞬间消逝。在霍尔泽朴门农艺里，没有十全十美的高耸的垄的样板，因为垄可以有大不相同的尺寸。在计划阶段，我考虑本地的条件和将要管理垄的人的个性化要求。虽然垄可以在尺寸上大相径庭，但所有垄都像我描述的那样，创造确定的效益。

按照功能、位置、土壤条件和那些涉及的偏爱，垄在高度、长度、宽度和形状方面都不相同。特别是地面平坦的区域，多种有趣的方法可以实践：垄可以做成不同高度的波浪形线条。它们可以形成半月形、迷宫形或环形。环形的中央也可以是个池塘。例如在伯杰兰德，我造了一个火山口形的园子。在夏季，一个有益的湿气很大的微型气候在火山口内形成。这为栽种作物提供了许多妙不可言的可能性。

误导的森林管理后果：在奥地利暴风吹倒结实的云杉树达3百多万立方米。

甚至我做垄基础的方法也与众不同，我做的高耸的垄用以反映本地条件。我认为没有必要确切地说明土层要怎样安排或要用什么物质来做基础。用已经在手边的材料创建垄最有意义，而且经济得多。

多年来，我砍树枝、灌木和树，并且用土混合它们做成高耸的垄。这是令人精疲力竭的工作。终于，我试图不用砍碎的材料来做高耸的垄；相反我把粗树枝和整颗灌木混合在垄里。这个垄的收成比我预期的大得多。其原因是明显的：当散开砍碎的材料时，我得小心翼翼；我不能混合太多的树（不超过材料的四分之一）到垄里去。我也得确保材料撒得很松散，而不至于紧密。

像松香这类物质很快释放入土中，同时土壤的pH下降。在最坏的情况下，土壤酸性化，于是收成会有损失。我发现放进许多大块的材料恰好得到相反的效果。当整棵的树被放进垄中时，虽然垄显得又高又大，但是系统的通风大为改

在克拉米特霍夫农场，我们把倒下的云杉树造成许多结构。它们被用在1988年我们从奥地利联邦林业部门购买的地上，这地还没有复种过。图片显示：云杉树干用来建造台地和高耸的垄。

使用树干的另一种方法：建造新围场和露天结构，关猪和牛。这些结构也可以用作隐蔽处、储藏室或种蘑菇。

进。大块的材料造成小的改变发生在整个垄上，因为这些材料会慢慢分解，对土壤中的湿气含量的变化会做出反应。垄收缩又膨胀，保持其结构松散。

大块的材料腐烂得更慢，它减少了土壤变酸性的危险，或作物施肥过多的危险。对维持系统内湿气水平的平衡，树干也很有用。这种高耸的垄对种植马铃薯和其他根茎蔬菜特别好。我也用它们种植过谷物。用这些垄种植云杉林，我也获得了好结果。这种类型的高耸的垄可持续达10年或更久，不用做任何较大的重建。与用碎木头做的那些相比，这种垄用的时间长得多。

在2002年11月，在隆高，当大面积的单一种植的云杉林遭受暴风雪灾害时，我建造高耸的垄的简单方法又发挥了作用。大风对农场周围单调的树林造成严重损害。今天，他们仍然在处理倒下的树。在克拉米特霍夫农场，损失是最小的。暴风雪的唯一受害者是几片小云杉林，它们正在等待官方的许可加以清除和重新种植。少数几颗树倒在我的果树上和栅栏上。

我的作物欣然经受住时速达170公里的大风。我把我发现的倒下的云杉树原封不动地放入我的高耸的垄中。正好有机会，我决定用倒下的树的剩余木头，为我的猪建造几个露天隐蔽处和新的围栏。充分利用形势而不仅仅是抱怨总是较好。

被暴风雪吹倒的树，木头通常只卖得低价。当突然有那么多木头时，在正常情况下，木头很难卖得好价钱。除此之外，大量的有用木材也失去了，因为树干突然从中间折断，大量的树倒下，使得找运输工具把它们运走既危险又昂贵。一般情况下，清除树的成本比卖木头所得的钱更高。

这些例子让我们清楚一点：即在建造高耸的垄方面，创造力和想象力是你最需要的东西。你组织土地的方法完全由你自己。你只要确定垄完成其任务，以及要收割的区域容易到达。如果可能，至少建造两个相邻的高耸的垄，也是一个不错的方法。在两垄之间的凹处，湿气保留的时间长得多，在炎热的夏季，这是非常有用的。

设计高耸的垄系统

在你开始建造高耸的垄系统之前，你应该观察风通常是从什么方向来。做这件事的最简单的方法是拴一条织物到树上或杆子上，在一段时间内定期地观察它。你也应该在晚上检查它。这样做你很快就会发现，风从哪个方向来和哪些区

山坡上的垄

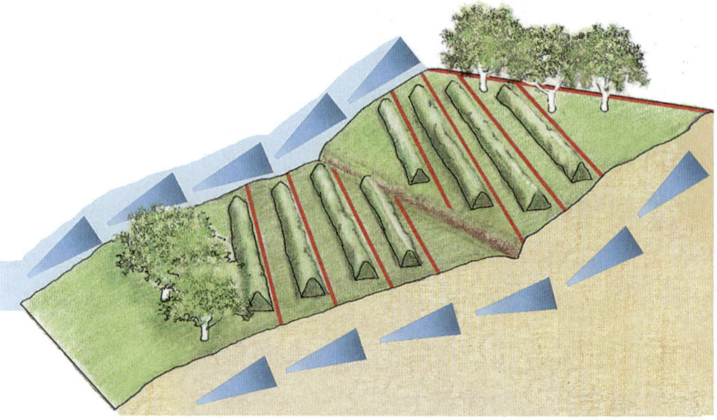

正确：高耸的垄要向山坡倾斜一定的角度。垄上的水要均匀分布。水能容易吸收和保留。没有形成水道的危险。

不正确：与山坡平行：高处的垄会得到过分的水（有滑坡危险），而低处的垄会很干燥。

域风最大。如果有必要，围绕系统造防风林，或者整个高耸的垄系统可以安排在防风的位置上，起到防风林的作用。我发觉种植水果灌木和长得高的作物，像向日葵、耶路撒冷蓟和工业大麻的垄，可形成最好的防风林。我建造这些垄高度至少有1.5米。除了把地边做得稍陡一点外，它们和普通的高耸的垄一模一样。这样做的好处是，在不断增加的压力下，垄不会那么快变板结。处理高过3米的垄，我做一条狭窄的台地在顶上。这使得管理和收割垄上作物更容易。垄越高，所占空间越大，所以在你的计划中，你需要为此留有余地。高耸的垄不但可以形成好的防风林，而且能形成优良的视觉屏障，还能排除噪音和污染。基本上，在系统周围仅有这些防风林也足够了。我也可以把垄转一个角度，让它们有更多的阳光。在陡坡上这就不那么容易，因为你也得考虑在哪里排除地表水。

高耸的垄用作防风林，可排出污染及作为视觉屏障；垄也可以收获；多样化种植的作物有开花的灌木和水果灌木。由于扎根很深的作物，高耸的垄得到稳固。

系统中央的高耸的垄，能尽量吸收阳光。作物是多样化种植（这里是蔬菜）。对其他作物来说，盘旋上升的草本植物是绝妙的补充，而且最充分地利用了可用的空间。

处理山上高耸的垄，注意系统内的水流很重要。垄不能与山坡平行，不然，下雨的时候，在山顶上的高耸的垄会吸收所有的水，而底下的垄在最坏的情况下，会开始干燥。水要均匀地供应到所有的垄，也不能允许水形成水道，否则它可能导致滑坡。垄的行列与山地有关，应该由雨水流下山坡的水道来决定。

一个高耸的垄系统可以用手工或用挖掘机建成，当不用机械建造时，虽然相对而言只有小材料能结合到垄中。正如我的经验引导我喜爱大块的材料来建造高耸的垄一样，挖掘机对我来说必不可少。我用挖掘机开一条沟渠，1～1.5米深，大约1.5～2米宽。我小心地搬开腐殖质层，并且把它分离。然后沿沟渠安排灌木和树，让树根伸进沟渠里。除此之外，我疏松地堆起一堆泥土，它是很细的有机物质和草皮的混合物。最后，我把搬开的腐殖质放在垄上。

如果造垄没有树或灌木可用，那我得用草皮来做。从别处带入补充的有机物质，要浪费太多太多的时间和精力。

建造高耸的垄

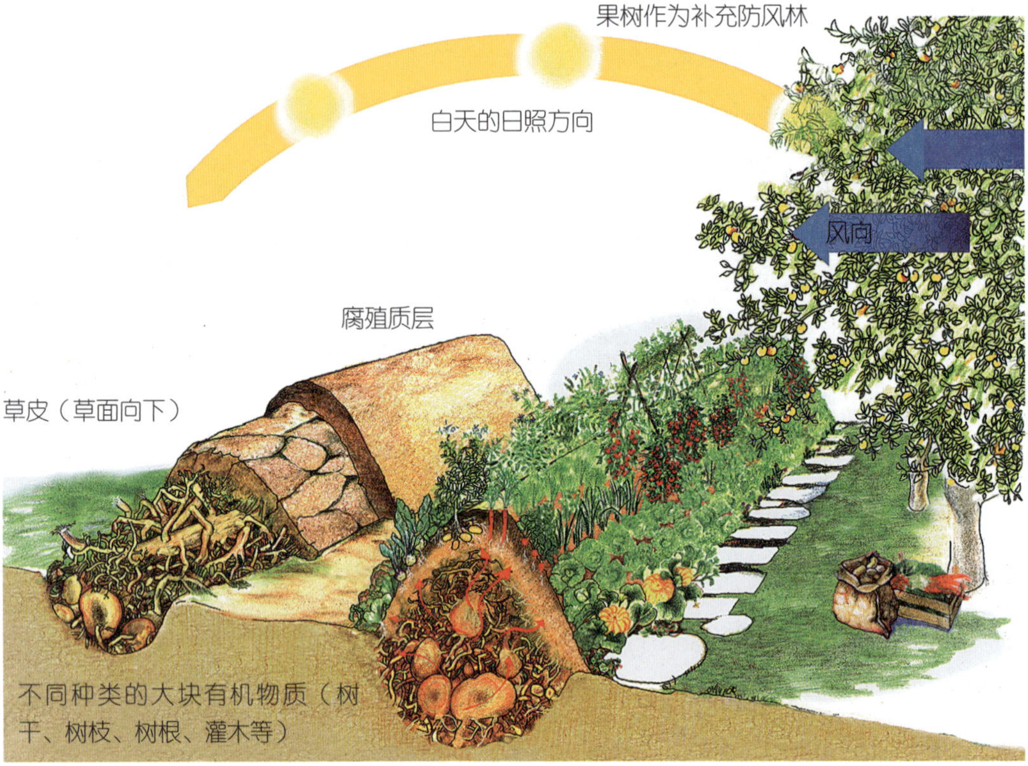

一条石头小道，植物覆盖，可能由各种不同的三叶草和百里香构成，适合在上面行走，成为收获垄上作物舒适的小道。

高耸的垄的地边至少应该是45度角，这取决于材料。甚至还有60度到70度更陡的垄，在重质沃土上，我已经得到好结果。即使完全用泥土做的垄，一个更陡的角度就更好。处理某些材料时，有必要把泥土堆得尽可能陡，尽可能高，还仍然拢在一起。当我在参观其他农场或作指导时，我看到许多垄太低平了。他们问我，为什么垄上的作物生长得不像他们所期待的那样好。答案很简单：垄的两边角度太低平，于是垄变得很结实。氧气的供应降低了，分解的过程被打断。还有，如果不处理的话，一种气味恶臭的厌氧微生物淤泥会积累起来，它对作物有负面的影响。此外，作物不能恰当地扎根，因为地面太板结，于是它们会开始枯萎。人们继续建造太低平的高耸的垄，这使得我现在来强调这一点越发重要。

处理潮湿、沉重的土壤，最好安装一个排水系统，防止水聚集起来。法式排水管可用来做这件事。另一方面，处理干燥、多沙的土壤，重要的是尽可能长时间保留水在高耸的垄里。这会自动地发生，而不用引进任何附加的水，因为水会自然地集中在两垄之间的凹处。还有，当大块材料腐烂时，它会聚集在垄的中心。当作物正在长根并且还脆弱时，用覆盖物覆盖垄表面也会防止它们干死。

当种子已经播下而且作物正在生长时，保持土壤覆盖着，能防止作物被晒干。不收割的作物以及其他自我固定或野生的植物，可以留在垄上作为覆盖物。它会慢慢变成富厚的腐殖质层。有深厚粗糙的腐殖质保持土壤覆盖着，是保持湿气的最佳方法。

垄的高度取决于个人喜爱。我通常以1 ~ 1.5米的高度建造垄。这让平均高度的人们毫无困难地收获作物。

垄的管理

最好高耸的垄一建造好就播种和种植。因为土壤才刚刚堆起来，它仍然很松散，而且还没有固定下来。作物在疏松的土壤里固定自己并且长根较容易。种子落入疏松的土壤中，就不那么容易被风吹走。雨水不会把它们冲走，相反，会把它们进一步冲进垄里去。为了不妨碍这种效果，垄不应该弄平滑。如果你计划成功地收获蔬菜和灌木水果，如果有可能，你应该把灌木种在垄的顶上。这样下面的蔬菜才容易够到。在温暖、多阳光的气候里，在干燥的土壤上，种植需要半阴凉天气的作物时，这种方法尤其好。阴凉的多少取决于选择哪种水果灌木和它们

克拉米特霍夫农场冬季的垄。

栽种的间歇期。如果你想要整个系统处在阴凉中，把作物与果树结合起来也是可能的。果树和灌木也可以种在垄之间。

可以改变单独两个垄之间的距离，以适应所种的东西。当你在设计高耸的垄时，你总要考虑你计划怎样管理垄，还有你将用什么设备来做这件事。否则以后会有某些令人不快的惊讶。例如，如果我想用一台拖拉机收获水果，我得在两垄之间留有足够的空间作通道，让拖拉机开过去。譬如，作为植被，这条通道可以种上不同品种的三叶草。

高耸的垄适合种植各种蔬菜：豌豆、蚕豆、莴苣、番茄、小萝卜、黄瓜、胡萝卜、南瓜、马铃薯和其他种种。在垄中心分解的物质，提供作物大量的营养物，于是作物生长得枝繁叶茂。营养物延长的时间量或它们怎样很快耗尽，取决于垄中心是用什么做的。如果高耸的垄是用木屑做成，木屑很快分解，在第一年就会释放出大量的营养物。为尽量利用营养物，我选择要求很高营养含量的作物：南瓜、黄瓜、甘蓝、番茄、甜玉米、芹菜以及马铃薯，只提几种。像这样的垄，三年以后最好种植生长需求营养量较小的作物，像蚕豆、豌豆和草莓。如果它们种得早，可能显得肥料过多。肥料过多的作物不产生好气味。有些作物——例如菠菜——硝酸盐也许积累在作物的叶子里，如果吃了，对人的健康是危险的。

用大块的材料像整棵树干建造高耸的垄，在第一年里不会产生特别高的营养物含量。大块的材料腐烂得很慢。可是营养物的供应会稳定许多年，而且在第一年里几乎没有肥料过多的危险。以最有效的方法使用高耸的垄，你应该考虑作物的营养需求。

当我在农场漫步时，我处理掉任何不想要的作物。我简单地把它们拔起来，然后根朝天地留在那里。如果天气很干燥，而且是中午时分，那么这就更有效，因为作物被晒干，不会又生根了。用覆盖物覆盖，换句话说，就是散开青草、干草、树叶或类似的有机物质，保持这些不想要的作物在控制之下，是个好方法。它也保持土壤被覆盖而且保留湿气。

从第二年起，在收获之后，可以让猪在高耸的垄上短时间啃食。当它们觅食时，它们会用嘴拱垄并且留下粪便。最好的水果和蔬菜应该收获，可是应该给猪留下足够的东西。应该有东西来激发它们，使它们高兴。如果让太多的猪在一个小区域啃食，它们会做出巨大的伤害。猪的数量和让它们啃食的时间量，必须由可供用的空间来决定。当它们已经拱好土壤时，是播种的美妙时机。

取决于天气和垄使用的方法，过些年高耸的垄就变平了。于是垄或者要重建，或者更换。

自由采摘

许多人在开始思考食物的质量和它来自何方。买最便宜的食品的倾向在衰落，现在人们想买有机种植的食品。商场已经很快抓住这种心态，并且已经生产出许多标有“有机”字样的商品，还研发出新的“有机品牌”。不是一切标有“有机”字样的东西都是有机生产的，这个事实现在众所周知了。这就是为什么许多人现在在想，他们自己来收获有机生产的食物，特别是他们能把收获与一天愉快的出游结合起来。

一个设计适当的高耸的垄系统可以造就一个优美而又轻松的自由采摘区。通过为自己收获食物，参观者感到自己与自然联系在一起，并且能使自己确信，什么是高质量的农产品。这对农夫也有许多好处：不需要附加的工作来收获、清洗、运输和储存农产品。由于所收获的一切同样必须付钱，不得不储存没有卖掉的农产品，所造成的任何损失都避免了。参观者通常带走的东西比他们原来打算带走的更多。当他们漫游穿过自由采摘区，并且看到一切作物生长得那么美好时， 即使许多人没有自己的园子，他们也要开始做果汁和蜜饯。当参观者明白他们正得到真正的有机生产的农产品时，农产品就赚大钱了。

高耸的垄特别适合自由采摘区，因为垄的形状使得引导参观者沿着指明的小道走非常容易。在互为平行的很长的高耸的垄上，我种植我想提供给别人的作物和水果。垄同样可以形成圆形或螺旋形。使垄的两侧相对地陡峭，也是个好主意，这样参观者就不能翻越。就连小孩也会发现，垄的下半部容易到达和收获。甚至坐轮椅的人，从他们坐着的地方就可以收获水果和蔬菜。成年人收获垄的上半部，用不着弯腰。我发现最好把垄安排得紧密些，这样，人们不得不成单列移动。在末端可以有一个区域，在那里农产品过称和付钱。顾客不必为穿过自由采摘区时，路上他们所吃的东西付账。管理自由采摘区的时候，极为重要的是，树立标牌讲清楚，所收获的一切——刚才提到的一路上吃掉的食物除外——是必须付钱的。特别是小孩会收获比他们的父母多得多的东西。

到自由采摘区一游变成一次诱人的散步，这可以通过全身各器官感觉到。设计这种区为新思维留下很大空间。例如，大约在穿过自由采摘区的半路上，可以有一个休息区，隔壁有水池，有休息一下的好机会。在休息区附近，可能有一个种药草的螺旋形地面，在那里参观者可以采摘新鲜药草，与盒装的午餐一起吃。孩子们在树林里和土坑隐蔽处玩耍，生活在自然界的柳树屋顶下和附近的历险场地中，弄得自己精疲力竭。

自由采摘

半路上有一个大型休息区，游览者可以停步一会儿，欣赏水景和附近的自然，并且在操场上大胆玩耍

一种可能的设计是建立一个系统，在那里可以收获高质量食物，与全家人愉快地出游一天相结合

有喷泉的小池

出入口、称重付款处

陡峭的垄相当高，供游人收获：小孩和大人以及坐轮椅的人。

你也可以开个店，在那里参观者可以购买家里做的农产品（醋、植物油、烈酒、果汁、果酱等）。当你设计休息区时，你不应该忘记多种些树提供阴凉。藤架也能在这里起到好作用。如果附近有许多芳香的花卉植物，这趟远足会变成一次难忘的外出，而参观者会兴高采烈地到自由采摘区去游玩。当然，如果你不要参观者长时间逗留，就不必设休息区了。在任何情况下，提供坐的地方都是善举。例如，一张木头做的“乡村”长凳，因为有些人腿脚不方便。

开始垄上的工作之前，你应该查明在这个区域一般种植什么种类的药草、果树和蔬菜，以便为你自己的作物找到一个商机，保证你的商业利益。根据我的经验，不寻常的品种总是有需求。无论它们是水果、蔬菜、色拉或药草。我收到来自奥地利的要我的紫马铃薯新品种的请求。通过种植和宣传这些不寻常的品种，你对维护所种的作物的多样性，做出实际的贡献。

水路图景

水的使用和管理是霍尔泽朴门农艺最重要的领域之一。水是生命，所以慎重地对待这个资源极为重要。不幸的是，当今，很少有人想到水的保护以及在农业上小心地使用水。在过去，我们很重视处理水，或是财政原因，或只是出自本能。许多“现代”农业科技已经导致今天我们要对付的很多难题：人们正在放弃小型地块的耕作，挖起树篱并且创造人为的单一耕作地貌。

这些地区不但腐殖质被强风吹走，还干燥得特别快。其中的绝大多数地块，地下水位不断下降，而且剩下的任何水，要经常使用抽水机才能得到。水通常被大量的化肥和农药严重污染，以致不再适合饮用。溪流边的树时常被砍倒，让位给仅有几平方米的耕地。这意味着只有很少的地方能阻止化肥和农药到达水道。排水系统和把溪流弄直对自然也有负面的影响。把溪流弄直和开辟水道对自然植物群和动物群有巨大的危害。依我之见，这些技术所产生的结果与原来的打算相去甚远。自然是不能被装箱或被征服的。在下大雨期间，往往一条溪流在河源处不再淹没土地，它把水很快送到下游，在那里更大的水灾会不可避免地发生。在将来，我们会需要退回一步，并且重新考虑我们的做法，因为如果我们继续墨守成规的话，这些问题不会得到解决。

朴门农艺原理指导我们尽可能明智又小心地用水。在朴门农艺地貌上，每一种资源和优势都确切按照它的位置加以利用。这就是为什么我经常认为排水是个

克拉米特霍夫农场的水景。

坏主意。无论在哪里发现水，就应该在那里使用它。如果我想拿湿地赚钱，我就不排水，相反我栽培像兰花或各种水生作物和喜爱潮湿条件的沼泽作物。采取下一个步骤并且设置一个水园或池塘，把它们安排在自然潮湿的区域，仅仅需要最小的力量。用这个方法来做事，而且注意土地的自然条件，我总是得到最好的结果。

我还努力在我的地上尽可能长地保留水，并且在克拉米特霍夫农场上，尽我所能地利用它。从农场高处的边界（海拔1500米）到山谷（1100米），水有许多不同的用途：泉水被用作饮用水，也用来供应池塘和水园；这些池塘安排在整个农场上，而且它们中的大多数互相联接。总数为60个的池塘、水园、湿地和沟渠组成的网络，覆盖着克拉米特霍夫农场。它们让我能养鱼、小龙虾和贻贝，以及种植多种多样的水生作物。池塘里养的鸭和鹅过得欢天喜地。

有水的区域还提供了许多不那么明显的好处。湿地、水园和池塘为无数有用的生物，像蛇和两栖动物，提供了栖息地。它们有些是我的最辛苦的“工人”，而且池塘保证这些生物的数量多多有余。在控制所谓的“害虫”方面，这些工

浅水区的蝌蚪。

人起到了重要的作用。蟾蜍特别有用，因为它喜爱的猎物是可怕的西班牙蛞蝓（*Arion vulgaris*）。水景的另一个好处是它们对作物的积极作用。通过反射阳光和释放储存的热，大面积的水有助于平衡它们旁边山上的温度波动，增加土壤中的湿气水平，并且通过蒸发，创造有用的微型气候。

在克拉米特霍夫农场，我们甚至使用水力。农场的海拔从1100米到1500米，所以我能用高度差，以适应环境的方式创造能量。我建造了两座小发电站，使用培尔顿式水轮机，通过一个水槽从池塘里给机轮供水。在此情况下，水的落差大约为100米（10巴），这让我能给全农场供电。我已经详细描述过怎样建造这种类型的发电站，在我的书《反叛农夫》里，它承受了所有官僚主义的障碍。

我也使用其他更传统的利用水力的方法。我有两个靠水轮推动的磨坊。农场上还有一个水力夯锤在使用中。用池塘里的水要用电力抽，并且使用压力差抽饮用水，不需要任何额外的能量。当它在装置内脉冲时，驱动水不断地延伸成一层膜。这样饮用水通过一个管道抽上高山牧场。水提供大到15巴的压力。流速比率为1：10。抽一升的饮用水，我需要10升驱动水。除了创造能量以外，这些系统还有别的好处：它们都释放凉爽的富氧水回到我的鱼塘。这让我毫不费力地把鲑鱼养在又低又温暖的池塘里。

水产养殖这个题目海阔天空，其本身就够写本大部头。这就是说，在下面的章节中，我只能论述一些基本的原理。

建筑水上公园和池塘

在你建筑池塘或水上公园之前，重要的是搞清楚用它来做什么。为每一种功能，你需要考虑不同的事情。养鱼和小龙虾的池塘与种水生作物的水上公园或洗澡用的自然池塘截然不同。当然，把所有这些功能结合在一起是可能的，可是你要从一开始就考虑到这一点。因为更详细地讨论这些论点会跨越本书的范围，所以我用一个克拉米特霍夫农场的池塘和它的许多可能的用途作例子，解释我的方法。

在自然界，我找到了一个正在发挥功能，在生态学上非常珍贵，而且在视觉上令人赏心悦目的池塘，这是最可靠的例子。所以，如果你决定建筑一个池塘，你应该先好好看看自然水体。这是你既能掌握基础知识，又能找到理念和可能的设计的永恒源泉的唯一方法。一旦池塘已经发展成有功能的生态系统，能简单地使用，并且所费精力很少，它才能完成其目的。

我建筑池塘的经验延绵达40年。我做成第一个小池塘，完全靠双手。终于，我从这些经验中学得知识，并且继续建筑越来越大的池塘。别忘记你仍然需要水

克拉米特霍夫农场海拔1500米处的这个池塘，是用来种植水生作物和养鱼及小龙虾，还可以洗澡。

务局的批准，它通常涉及是否进行过稳定性测量。我想重要的是，开始建筑小的，以便你能亲自获得大量的经验。然而，如果你想直接建造一个大池塘，那么你需要请教一个有经验的专家。

我从测量池塘的地址开始。我注意土壤条件、地形（与地面有关的位置）和任何存在的水。地形对池塘的稳定性很重要。以恰当的方式建筑池塘，能预防它渗漏和滑坡。对土壤条件了如指掌，并且查明土地的任何部分是否潮湿，或曾经发生过滑坡，至关重要。建筑池塘的时候，自然地出现的水当然很好，水也可以注入池塘，只是这需要大量的工作。

如果没有泉水而地表水又不能用，你总可以建筑一个让雨水流入的池塘。不过这些池塘一般更适合种水生作物。鱼和小龙虾要求经常换水，因为它们要求水新鲜又富有氧气。

池塘的形状必须看起来尽可能地自然。有一个结构良好，分深水区和浅水区的池塘，是重要的。这使得有一个起作用的生态系统成为可能，因为不同的植物和动物同样需要不同的栖息地。池塘构造越好，它能完成的功能数量就越多。浅水区为大量植物和动物品种创造了栖息地，并且让许多不同种类的鱼自然地繁

克拉米特霍夫农场已完工的池塘。

殖。这还恰好地使池塘成为圆形，使得洗澡爬出爬进更容易些。

深水区也是需要的，以便鱼类能冬眠，也为了预防水生植物变得过分生长。绝大多数入侵的植物生长在大约两米的深度。如果我想预防池塘生长过分，我把部分池塘做成大约有3米深，从浅水区突然下降。这造成植物不可能穿越的屏障。一个考虑周到的计划后来是怎样节省大量的时间和精力，这只是一个例子。对平衡池塘里的温度，深水区同样是重要的，它让鱼类有可能按照它们的需要，在温水和冷水之间自由选择。

横跨用的石头，在水上公园里储存热量。

一旦我对本地条件十分熟悉，而且已经决定了池塘的形状和大小，工程就可以开始。首先要挖出池塘的粗略形状。我用的机械的大小和类型，取决于地面和池塘的尺寸。小块湿地可以用手工做成，而较大的工程则需要挖掘机。当建筑池塘围墙时，重要的是分开粗细土石材料。为做到这点，材料要堆放成高高的一堆。粗材料会滚开到边上，而细材料会停留在中心。池塘围墙现在用30到50厘米厚的细材料层筑成，并且夯实。做较大的池塘，土层应该用挖斗弄结实。粗材料到后面用来巩固围墙和边缘。

岛屿和小群落生境也可以在池塘里做成。一旦我对池塘的形状感到满意，它就必须密封了。往池塘里放水，直到挖掘机立在30到40厘米深的水中。接着一台小挖掘机的铲斗振动底土，从半米到一米深。深度取决于当地的土壤条件。挖掘机铲斗插入土中并且振动，这使得细材料下沉，还使池塘的底部不渗漏。其效果类似于震动混凝土。为了使池塘以后得到最充分的使用，在建筑期间，一个竖管安放在池塘的最深处。通过控制管子的高度，就可以简单地调节水位。这样做，池塘可以随时排水，以便“收获”鱼和水生作物。在下暴雨的情况下，我总是放入一根紧急情况溢流管。这根管子能注入大量的水，又能让它安全地排水。

这就是我在克拉米特霍夫农场使用的方法。在肥沃土壤上，土质不需要分离——除了要小心地去掉腐殖质层。进行任何种类工作的时候，先分离腐殖质层，然后又填回。用肥沃土壤密封池塘也容易得多。我在“处理不同类型土壤的经验”一节中已经描述过建筑池塘围墙的细节。

设计理念

一旦池塘完工，我就开始建造边缘，我用石头和树桩。从水里升起的石头在阳光下温暖得特别快。这提高了水温。在冬季，这减少了水面结冰的时间长度，同时也减少了鱼类得不到足够氧气的危险。有鱼和喜爱温暖条件的水生作物的水园，从此受益最大。在这个阶段，我让我的想象力如野马奔腾，并且把我的想象变成现实。从美丽如画的多节的树干、石头台阶到上桥的横道，一切都可以以最低的成本造就。挖掘机只需在浅水区安放石头，或者锤打木头进入池塘底部，作为桥的支撑物。

锦鲤在海拔1500米的池塘里。

我建筑池塘的方法与传统的方法完全不一样，用传统方法的地方，池塘用衬垫做底不渗漏。我确信有野生动物的池塘不应该有池塘衬垫，因为它妨碍池塘生物的自然成长。“振动法”几乎可用于各种底土层，并且通常比用衬垫建筑的池塘便宜，因为租用挖掘机的成本一般比用衬垫铺底部所需的成本便宜得多。我也不可能再进一步使用衬垫做底的池塘，因为池底覆盖物太容易破碎。种植水生作物和改变池塘形状，或用机械设备在上面工作，都是不可能的。

可能的用途

养殖水生作物，鱼类和小龙虾的池塘，即使为了高效率地使用，也不必是正方形的，甚至不用水泥做成。创造高品质农产品的正确方法是自然方法。例如，几十年来，在我的池塘和水园里，我已经成功养殖了棕色鲑鱼（*Salmo trutta*）、北极红点鲑鱼（*Salvelinus alpines*）、鲤鱼（*Cyprinus carpio*）、欧洲鲤鱼（*Tinca tinca*）、狗鱼（*Esox lucius*）、威尔士鲇鱼（*Silurus glanis*）、梭鲈（*Sander*

水上公园里的鸢尾、白水仙花和水烛。

lucioperca）、卡伊鲤鱼、草鱼像斜齿鳊（*Rutilus rutilus*）、赤睛鱼（*Scardinius erythrophthalmus*）、鲤科小鱼（*Phoxinus phoxinus*），还有欧洲小龙虾（*Astacus astacus*）和天鹅贻贝（*Anodonta cygnea*）。

在海拔1500米的高度上，我同样种植了水生作物，像许多不同品种的白水仙（*Nymphaea alba*）、黄水仙（*Nuphar luteum*）、蔗草（*Typha latifolia*）、甜菖蒲（*Acorus calamus*）、流苏水仙（*Nymphoides peltata*）、水车前草（*Alisma plantagoaquatica*）、水芦荟（*Stratiotes aloides*）、杉叶藻（*Hippuris vulgaris*）、慈姑（*Sagittaria sagittifolia*）和蝴蝶花（*Iris* sp.），还有其他种种。

我在池塘的浅水区和在特地做的沟渠里种植作物。由于这些沟渠浅，水温比较高，这提供了喜爱温暖的水生作物完美的生长条件。从接近它们的小道能轻易地收获这些作物。因为我种植不同寻常地耐寒的品种，而不用化肥或任何额外的关照，在非常不利的地方，我也能改种它们，而且在其他作物不像会蓬勃发展的地方，它们也会茁壮成长。建筑新的池塘和湿地的时候，我能充分利用这些顽强又耐寒的作物。

然而，池塘和水上公园不仅是赚钱的门道，它们也令人心旷神怡。水是生命。傍晚听见青蛙呱呱叫，或只是静静地坐在水边一会儿的任何人，会知其所以然的。

Sepp Holzer's Permaculture

朴门农艺 小型综合农业和园艺实用指导书

2

Alternative Agriculture 轮耕农业

基本理念

根据我的经验，传统农业的许多难题是由许多农夫过度依赖补贴、政府和合作社造成的。他们这样做，是因为他们相信政府等部门会引导他们走向正确的方向。然而，这通常是一个可怕的错误，因为这些地区经常受到为他们服务的农业综合企业、化肥经销商及其说客的强烈影响。许多农业学校和大学课程所做的培训经常是片面的，并且集中在完成农业说客们的要求、愿望和需求上。科学研究项目得到富有的大公司支持，而且向适合他们需要的方向引导。似乎只有很少的资金可以用来研究持续性农业、朴门农艺和不同植物群落之间相互作用的原理和实践。这是因为这些原理不会有助于增加农药、化肥和特殊技术的使用。实际上，他们会把资金减到最少。

越来越多的人跟随冲突之路，不接受所有的自然多样性。自然可以改造和所谓“害虫”应该被消灭的信念是错误的。当生态不平衡出现时，我们必须找到问题的根源，而不是仅仅处理表面的症状。

在大多数情况下，农业耕作的专业化和现代化，并没有给农夫带来他们希望的好处。那只是强迫农夫（我小时候他们还很受尊敬）依赖补助性收入维持生计。许多农夫现在种植大量品种范围相当狭窄的作物。做这件事，他们需要投资在昂贵的畜舍建筑上、作物上和专业设备及机械上，这些设备和机械通常只有一个用途。这种专业化使得对市场和不可预知的变化难以做出及时的反应。农产品一般由大宗购买者销售，他们决定价格和购买条件。这导致单方面的依赖。对这些农夫来说，转变到做另一种方式的农耕通常是困难的，因为他们一般都有大量的约定，像补贴合同和农业信贷。甚至已经做了的投资使农夫们不情愿改变他们的农耕方法，因为能养100头正在催肥的猪的新建筑会突然无用。所以他们一如既往地继续下去，于是他们停留在任凭市场和补贴截留的摆布中。缺钱的时候，许多农夫通过增加生产试图作补偿。这是完全错误的方法！最大的问题之一是，那么多的农夫注意力集中在补贴上。与所有承诺相反，任何人都应该清楚，现存的补贴制度不会长久。作为一个行业，补贴永远不应该是收入的主要来源！

工业化农业的受益者是合作社、公司和农业化学品以及农业综合企业的说客，而绝不是农夫。我们现在熟知这种情况的全部后果：强化的牲畜饲养，地表水的污染和受污染的食品，只提几个。我们迫切需要改变思维方式。

从这种发展中受害最大的人是农夫的家庭，他们时常不能再应对生活拮据——自然地牲畜也遭了殃，因为它们被迫过着朝不保夕的日子。

幸运的是，少数勇敢的人离开了传统农业的轨道，敢于追随他们自己的理念和想象力。这就是有勇气和决心是那么重要的原因。如果你习惯于做一切工作都遵循“典范”和“诀窍”，你会发觉这条走向新的真正独立的道路，也采纳了某些习惯性的东西。你将不得不由自己做所有的决定。你的邻居正在做的事，对你来说未必是正确的——恰好相反，你周围的所有人当前正在种植或养殖的东西，已经五谷丰登，六畜兴旺，因此，作为一种产品不再是有趣的了。这种方法同样需要勇气，但是如果你小心谨慎而又意志坚强地进行，那是值得的。生态农业在经济上也很有意义，正像克拉米特霍夫农场所显示的那样。这个农场提供培训和游览之前，它是一个全天劳作的农场。可是，我并不劝导任何人尝试同样的计谋，因为是你自己的力量和兴趣帮助你发展农场，而没有其他。市场上有许多商机。你只要用你的直觉，好好看看你周围。重要的是，保持灵活性，不要投资在僵化的农耕法上，瞬间市场变化，就会变得无利可图。我的经验和理念，与我想恢复的旧式农耕法一起，应该又一次鼓舞你独立地思考和行动。目标是为你的农场找到轮作农耕法，此法基于自然循环，并且让你的生活安宁和谐地与自然相处。

农耕的基础是土壤的肥力。在下一节里我要更详细地讨论这个话题。

土壤肥力

富含微生物的健康土壤是肥沃的土壤。这是一个农夫永远不应该忘记的事实。因为这是农业成功的主要要求。如果这一点得到保证，那么农场将会一直保持灵活性。你必须注意自然过程，并且努力利用它们。如果你爱护土地，自然会为你工作。我想强调的是，在这个领域，改变我们的态度极为重要。由于传统的单一种植农耕法和需要使用过量的农药及化肥来维持它们，已经造成相当大的损害。土壤不应当被看作是单纯的生产工厂，它是多样且敏感的生态系统。在维护这个系统中，无数的生物起了作用。只有在它们的帮助下，土壤才会保持肥沃和对我们有用。

每种作物有它自己的需求，而且以不同的方式影响周围环境和土壤。如果只

为改良土壤，混合种植而成的一片作物。

有一种作物生长在某一区域，那么对土壤的需求是不平衡的。如果这种作物彻底收割了，土壤的营养物含量会变得越来越低，直到彻底耗尽。只有大量的化肥会暂时使它自己又适合生长的需要。接着，严冬过后表土层寸草不生，这使得微生物在土壤里成长更加困难，假如它们还没有被化学物品消灭掉。如果要让耗尽肥力的土壤获得新生，我们不得不首先照料土壤生物。生活在土壤中的生物（蚯蚓、细菌和真菌以及其他）是土壤健康的关键因素。为了给它们提供恰当的环境，避免使用农药和化肥尤为重要。秋季里深耕土地的通常做法会造成土壤冻结，反过来它们两者不但毁灭土壤生物，而且毁灭自然分层和腐殖质的积累。如果你留下这些区域休耕一段时间，它们一般靠自己获得新生。这个新生过程是自给的。通过种植改良土壤的作物，自然得到了帮助，接着自然会开始自我照顾了。

绿肥

选择恰当的作物，当然取决于土壤的现状。我试图在土壤过于肥沃的区域种植生长需求高的作物，以恢复营养物含量的平衡。如果我想重新耕作受污染的或肥力耗尽的土壤，我得首先关心土壤生物。在这些区域，有很好的腐殖质层特别重要。这就是为什么在土壤上我努力使用尽可能多的生物物质。一块很好的地混种绿肥作物很重要，以便个别作物能传播自己。这增加了系统的稳定性，也增强了绿肥作物对土壤、土壤生物和有益昆虫的价值。

台地上色彩斑斓的混种绿肥作物。

当生物物质留在这些区域时，它有益于土壤和土壤生物。在秋季和冬季，绿肥作物的缓慢分解积累了土壤的丰产层，它得到自然新生力的充分支持。生物物质和疏松的土壤（由引入作物的根系造成）形成很好的土壤结构，这是优良的普通作物成长最重要的需求。另外一个好处是，用这个方法耕种的土地，总是提供大量的植被。植被保护土壤免受极端天气（风、暴风雪、大雨、热天和太阳）之害，而作物会保持水和营养物。植被的功能像棉被一样，保护土壤免受霜冻，这样土壤冰冻会迟来些，而且冰冻不会太深。这意思是说，土壤生物在表土层能继续工作到深秋，还继续到冬天。当我在农场四周走动时，在不同的地方，我有规律地检查土壤情况，从秋季到冬季。如果我能挖起雪底下还没有冻结的土，那是工作干得好的明显标志。

绿肥作物

胜过所有其他的是，豆类对土壤改良做出了最大贡献。用它们与众不同的根系（从浅根到深根），它们能生长在截然不同的地区。豆类的最大好处是，在细菌的帮助下它们能固定氮，并且把它释放入土壤中。这种细菌（主要是根瘤菌类型）与作物的根系密切共生在一起，创造根瘤。在根瘤中，空气中丰富的氮气被固定，并且被释放进入作物的营养循环中。反过来，细菌从作物中得到碳水化合物，而碳水化合物帮助细菌生长。这种共生关系对细菌只有益处。一旦作物死亡，它腐烂成富含营养的腐殖质。此后，土壤中就有比原来更多的根瘤菌，所以不但原来的共生伙伴从豆类的活动中受益，而且使整个区域也一样受益。

羽扇豆改良土壤。

这棵羽扇豆的根瘤清晰可见。

豆科作物中最有名的成员属于亚科（蚕豆）。这科作物非常庞大，遍布全世界。多亏它们与细菌的共生关系，它们在干燥且贫氮的土壤里生长良好。这科的某些成员有：豌豆、菜豆、三叶草和羽扇豆。然而豆类不是唯一好的绿肥作物，在改良土壤方面，若干品种的甘蓝、油菜、萝卜、向日葵和荞麦也很好。因为它们能在短时间内长出大量叶子和果实。

我的方法

在秋季，我通常留下绿肥作物矗立着。自然为我做一切工作：第一场大雪把作物压倒，于是它们开始分解。依我看，这是改良土壤最好最成功的方法。作物慢慢腐烂，而且生物物质不那么容易板结，割倒的作物往往是这样。混合种植长成的作物在高度和结构上很不相同，以至到秋季，这个地区看起来十分“丰盛”。这意思是说，生物物质并没有瓦解，可是相反变得蓬乱地挤在一起。像这样经营的土地上，空气的环流总是好的。土壤恢复的条件是最理想的。

用这种方法经营的土地，提供巨大的好处，并且也能有足够的产量。我可以随心所欲地改变土地，种植不同的主要作物和用不同的系统（果园，围场等）来

我的方法：秋季我让绿肥作物留在地里。

经营它——使用或者不使用牲畜耕作它。这个区域同样可以种植种子作物或蜂蜜作物。蜂蜜作物、药草或烹饪用香草的比例——换句话说，除主要作物之外种植的作物，可以变更以适应不同的要求和土地原来计划的用途。古老的谷类也相当适合这种情况。作物越多样化，系统就越加稳定，越发有用。

种植绿肥作物的地区有这样的优势，即作物的组成对动物和昆虫可能有重要的影响。我经常播种向日葵和大麻，因为这些作物是鸟类食物最好的来源。为鼓励采集有用的花蜜和花粉的昆虫（野蜂、蜜蜂、草蜻蛉、食蚜蝇等），各种本地野花，如像矢车菊（*Centaurea cyanus*）、欧蓍草（*Achillea millefolium*）、金盏花（*Calendula officinalis*）、金色木茼蒿（*Anthemis tinctoria*）、狗茴香（*Matricaria chamomilla*）、散状风铃草（*Campanula patula*）和雏菊（*Symphytum officinale*）构成适宜的增添物。

留下绿肥作物矗立着，意思是与割倒作物的工作相比，我更省力。这样做，作物能成熟、开花和结籽。我不必再播种这个区域。许多种子被鸟类吃掉，在它们的肚子里分成层，（防止发芽的这层被分解）并且散布到其他区域。如果我不得不继续播种和种植我的45公顷土地，除了我必须做的其他事情外，这件事会

添加各种开花作物，会有助于绿肥作物为有益的动物和昆虫提供更好的栖息地。

占用我太多的时间。为播种大面积的土地，我不得不付出很大代价，购买更多的种子。——野花种子还难以置信地昂贵！

在陡坡和地边上，我保证做到在我的种子混合物中，有大量根深的作物，像羽扇豆和甜三叶草。这些作物不但改良土壤，而且它们也用很深的根系（强壮的主根）稳定坡地。它们茁壮生长十分坚固的根，还改进土壤保持水分的能力。在同样条件下，当你对比一块坡地与一块草地时，差别变得更加明显。在坡地上，羽扇豆和甜三叶草的根长达数米，而在草地上，草根只有几厘米长。在我的多样化种植中，我使土壤和作物“工作”到几米深度，而不是几厘米。在陡峭的坡地和地边上，这种作用更为重要。因为没有它，大暴雨容易导致大量表土流失，造成腐殖质侵蚀和滑坡。

羽扇豆改善坡地稳定性和土壤条件。

甜三叶草、紫色苜蓿、巢菜、豌豆、羽扇豆、向日葵和不同的块茎作物，像耶路撒冷蓟和萝卜的混合物，相当适合这种耕作。这个作物混合物以及缓慢的分解过程，将很快激活土壤生物。在不割绿肥作物这种缓慢工作法的帮助下，我在坡地上设法改良贫瘠而干燥的土壤，到如此的程度，即仅仅两三年之后，我就能种植生长需求高的果树。这就是我怎样在克拉米特霍夫农场改造坡地，造就今天这个硕果累累的果园。

错误

连枷割草机的广泛使用，在伯杰兰德州和斯泰尔马克州已习以为常。这与绿肥作物对环境有利的原理相悖。所有的植被都被切碎成细料，这实际上杀害了所有从最微小的生物到有瓢虫大小的生物，是个没经过深思熟虑的问题。切碎的东西很快干燥，多半被风吹走，或被雨水冲走。其结果：土壤裸露，并且对侵蚀毫无防御。侵蚀使土壤干燥，而且形成深深的裂痕（特别在肥沃土壤上）。土壤的细颗粒被风吹走，这对土壤生物有负面影响。于是土壤的保水能力受损害。大暴雨导致水灾和滑坡。缺乏保水能力的结果是水位下降，这就造成泉水和井水干涸。最终土壤失去了自然恢复能力。人类使用化学品具有更大的影响。幸运的是，在这些发展面前，我们不是无能为力的！在混合种植中成长的绿肥作物的帮助下，自然的恢复过程能得到大大的改善。

提琴颈花（*Phacelia tifolia*）

亚麻荠（*Camelina sativa*）

作物名单

我收集了下列名单，给大家作一个最佳绿肥作物的快速总览。

普通名（科）	作物学名	注解
豆荚	Fabaceae	
黄色羽扇豆 窄叶羽扇豆 白色羽扇豆	*Lupinus luteus* *Lupinus angustifolius* *Lupinus albus*	一年生，利于坡地稳定和腐殖质积累，在沙地和酸性土壤中生长良好，饲料作物，产蜜，昆虫喜爱作物
园地豌豆	*Pisum sativum*	一年生，很好的饲料作物
草豌豆	*Lathyrus sativus*	一年生，生长需求低
饲料巢菜	*Vicia villosa*	多年生，轻质土壤，很好的花蜜作物
窄叶巢菜	*Vicia sativa*	一年生或二年生，生长需求低
菜豆 旷野豆 蚕豆	*Vicia faba* *Vicia faba minor* *Vicia faba major*	一年生，疏松土壤，很好的饲料作物（富含蛋白质）
黄色甜三叶草	*Melilotus officinalis*	二年生，也长在干燥土壤中，永久绿色
白色甜三叶草	*Melilotus albus*	植被，很好的填闲作物
红色三叶草	*Trifolium pretense*	二年生或多年生，永久作物，饲料作物
地下三叶草	*Trifolium subterraneum*	一年生，酸性土壤，永久作物，很好的填闲作物
杂三叶草	*Trifolium hybridum*	多年生，饲料作物
白色三叶草	*Trifolium repens*	多年生，永久作物，饲料及草地作物，适合所有土壤，很好的填闲作物
绯红三叶草	*Trifolium incarnatum*	一年生或二年生，永久绿色植被
波斯湾三叶草	*Trifolium resupinatum*	一年生，耐霜冻，也生长在贫瘠土壤中
埃及三叶草	*Trifolium alexandrinum*	一年生，耐霜冻
悉尼巢菜	*Anthyllis vulneraria*	二年生，也生长在贫瘠土壤中，很好的填闲作物
鸟足车轴草	*Lotus corniculatus*	多年生，耐寒，很好的填闲作物，永久绿色植被
紫色苜蓿	*Medicago sativa*	多年生，永久绿色植被，也生长在干燥土壤中，很好的饲料作物，利于稳定坡地
黑苜蓿	*Medicago lupulina*	多年生，生长需求低，很好的填闲作物
驴喜豆	*Onobrychis viciifolia*	多年生，生长在白垩土壤中，先锋作物，永久绿色植被，产蜜作物，很好的饲料作物
细拉豆	*Ornithopus sativus*	一年生或二年生，酸性土壤，喜爱沙质土壤，饲料作物

续表

普通名（科）	作物学名	注解
豆荚	Fabaceae	
十字花科植物	Brassicaceae	
油菜	*Brassica napus*	每年生（夏季品种），二年生（冬季 品种）生长需求低，很好的填闲作物
萝卜	*Brassica rapa*	夏季和冬季作物，类似油菜，生长需求低
（红或白）小萝卜	*Raphanus sativus*	一年生，饲料作物
白芥	*Sinapis alba*	一年生，生长需求低，先锋作物，耐霜冻
羽衣甘蓝	*Brassica oleracea* var.	一年生，很好的饲料作物
草类	Poaceae	
黑麦	*Secale cereal*	多年生，耐霜冻，生长需求低
野黑麦	*Secale multicaule*	很好的饲料作物，高产
高粱 小米	*Sorghum dochna* *Panicum miliaceum*	一年生，喜爱阳光充足地区
其他作物		
荞麦	*Fagopyrum esculentum*	一年生，高产蜜作物
提琴颈花	*Phacelia tanacetifolia*	一年生，生长需求低，长在所有土壤中，高产蜜作物
向日葵	*Helianthus annuus*	一年生，高产蜜作物，籽可留作鸟食
耶路撒冷蓟	*Helianthus uberosus*	耐霜冻，生长需求低，需排水好的土壤，种子好，块茎会长出新作物，很好的饲料作物
亚麻	*Linum* sp.	一年生，油脂和纤维作物
欢乐金	*Camelina sativa*	一年生，生长需求低，长得快，可长在贫脊土壤（沙）中，高度耐旱，抗病虫害
色拉地榆	*Sanguisorba minor*	多年生，生长需求低，也长在白垩土壤中，终年植被
锦葵	*Malva silvestris*	多年生，终年植被，药用作物，高产蜜作物

控制问题作物的方法

要紧的是永远牢牢记住，当我们耕作土地时，我们是在变更自然平衡，到一个更大或更小的程度，使之有益于我们。栽培的作物通常不像野生植物那样茁壮和适应性强，所以我们通过做耕地之类的事情，努力帮助它们。有时也要控制竞争。重要的是要牢记，自然界的一切都是有道理的。我们必须努力理解自然过程，并且以对我们有利为原则来影响它们。仅仅向问题作物的症状做斗争是不起作用的——特别要明白，这些问题中的绝大多数是我们自己造成的。在暴风雨期间，当大面积的森林突然倒下时，不仅自然和它的“灾祸”应该受责备，负责不稳定的单一种植系统的管理者也应该受到责备。棘胫小蠹科甲虫大批出没也是这些不自然的农耕法造成的。首先，眼光短浅的思维造成这些问题。我们不得不承认这些错误咎由自取。任何人以敏锐的眼光试图观察自然，会很快认识到一切事物都有它的道理，并且每一个问题都有解决方法。

在小范围内控制和调节作物轻而易举。几乎任何想要得到的结果，用手工劳动就能取得，这使得许多人太着迷于按部就班了。他们经常不考虑他们的行动后果。

就这点而论，我想用下面的例子说清楚这些后果：我有一个小园子，我想把它弄得整整齐齐。我除掉菜地里的所有杂草。我保持草地的草很短，并使果树下的地面“整洁”。这样做我会取得什么？回答是：一个整齐的园子，换句话说，一个“人造”园子。没有留下任何东西来阻止菜地和果树变得干燥，由于缺乏植被，所以我要给它们多浇水。

在光秃秃的土壤上，腐殖质的生产很糟糕，而且经常浇水冲走了营养物，这就意味着我迟早得使用化肥。化肥对土壤生物是坏的，生活在土壤中的生物越少，使得腐殖质生产越糟糕，并且恶性循环继续下去。一个“整齐”的园子提供有益动物及昆虫很小的避难处，并且没有栖息地，这意味着对害虫没有了自然防御。例子可继续列举。这只是说明，在自然界作用与反作用之间的关系。如果我以理解自然的态度经营我的土地，我能以少得多的劳动取得巨大的成果。我的园子种植方法概括在“园艺”一节中。

在农耕土地上，事物并无不同之处。唯一的差别是工作以更大的规模进行，而且事先必须考虑周全。一般来说，小块土地上应用的东西，也可应用在大块土地上。经营作物和牧场不当，以及以不平衡的方式经营，时常导致个别作物失去控制，它赶走了你想种植的栽培作物。我要用宽叶酸模（*Rumex obtusifolius*）、刺人荨麻（*Urtica dioica*）和法国菠菜（*Atriplex patula*）作为例子。这些植物表示土壤中氮含量很高。过分施肥或过度集约化牧场经营，通常造成这种不平衡。为应对这种情况，我不得不努力恢复平衡，并且与众不同地经营土地。只处理症状是没有意义的。

在休耕区域，或在从传统农耕法经营转变到自然农耕法经营的土地上，迅速生长的作物经常出问题。这些区域习惯于多施化肥，并且为作物提供理想的条件，突然不再用农药让它们又恢复原样。于是有些农夫开始怀疑自己，而且忘记了这种变化是正确的决定。几年或几十年前所犯的错误不可能在如此短时间内得到纠正。自然界需要一段时间来恢复。

用我的农耕法——也就是种植作物和饲养牲畜在同一块土地上，这些作物没有出现真正的问题。移动围场确保土地从未过度放牧。在不使用土地或被用来种作物的时候，它有时间恢复肥力。牲畜害病的危险，通过移动围场和吃不同的草料，几乎完全得到预防。如果一个特定的物种仍然大量地出现在一个区域，对此仍然有可靠的解决办法：我放猪出去在这个区域啃食，并且通过在无用植物之间播种豌豆、蚕豆或甜玉米，来支持这种过程。这使得猪集中在这些区域。部分作物及其根系会被吃掉，猪拱土把根带到地面，在那里它们会干死。这样做之后，猪继续移动到下一个围场。我引进生长需求高的作物，特别是块茎作物，像耶路撒冷蓟（*Helinthus tuberosus*），还有向日葵（*Helianthus annuus*）和工业大麻（*Cannabis sativa*）。它们吸收所有过剩的营养物，而且使“杂草”的生存条件变坏。在营养丰富的土壤中，它们长得又高又快，所以它们会遮阴，杀死任何留下的问题作物。栽培的作物提供牲畜一个珍贵的食物源。例如，耶路撒冷蓟是多年生的，它提供高产量的块茎。这些作物可能被猪吃掉，或者是，如果必要的话，把它们除掉。这个方法帮助我去除一个区域内无用植物的生长，平衡营养条件，而且还有好收成。

控制问题作物的另一个可能的方法是用覆盖物。用这种方法，我们不但能控制无害的野生植物，而且能控制入侵植物，如酸模。为覆盖一个区域，我使用纸板、麻袋和其他生物可降解材料（也就是只用自然材料）。为了把这些材料压下去，我在上头堆了土壤和覆盖物。当然，覆盖作物的材料应该是透气的，否则在它下面的一切作物都会死亡。在这层覆盖物底下，问题作物不会得到任何阳光，它们会死去，给土壤生物提供营养。在覆盖了一个区域之后，我立刻在覆盖物上播种。做这件事，我使用前面提到过的有高需求的作物。所有品种的萝卜对这种方法相当适用。作物会生长良好，因为覆盖物很快就提供它们高质量的腐殖质。它们给系统遮阴，还平衡了土壤里的营养物。因为宽叶酸模需要阳光促进发芽，一层永久的植被通常防止酸模再生。然而宽叶酸模非常耐寒，它的种子能在土壤中生存多年，还能从根部重新生长。由于上述原因，常常有必要重复覆盖过程。这应该在年初就做好，因为这样能防止无用植物萌芽。覆盖的区域也要播种作物，这些作物需要时间成长。仔细观察有助于你很快认识到，什么时候干预最好。如果某种植物正在变得过于茂盛，需要采取紧急措施，用我描述过的方法已经太迟了，控制这个问题作物会变得越来越困难。

你永远不应该忘记，在自然循环中，每一种生物都有它自己的作用，而且

耶路撒冷蓟块茎（*Helianthus tuberosus*）

对人类可能同样重要。举个例子，矢车菊（*Centaurea cyanus*）现在相对地少了，因为它作为所谓的杂草已经从谷类田地里消除。它不但赏心悦目，而且是珍贵的药用植物，这个事实人们一般未能察觉。刺荨麻也是一种珍贵的植物，作为烹饪和药用植物，做液态肥料和覆盖物，它有许多用途。作为毛虫的食物来源，它也是必不可少的。在自然界没有什么东西是坏的，而且一切难题都有解决的办法，只是你必须寻找它。每一种植物都有一个自然天敌。如果你在系统内留给它们足够的自由，它们会帮你的忙。例如，绿色短尾甲虫（*Gastroidea viridula*）可以变成有用的工人。如果你给它们机会成长到合理的数量，它们能帮助你保持系统在控制范围内。平衡土壤条件是重点。如果生态不平衡，一个单一的物种才会变得猖獗。

老品种和作物多样化

我的所有经验表明，谷类，蔬菜或马铃薯——实际上所有栽培的作物的老品种，构成最好的作物。它们味道更好，一般来说，生长需求低下，而且比新的，

控制问题作物

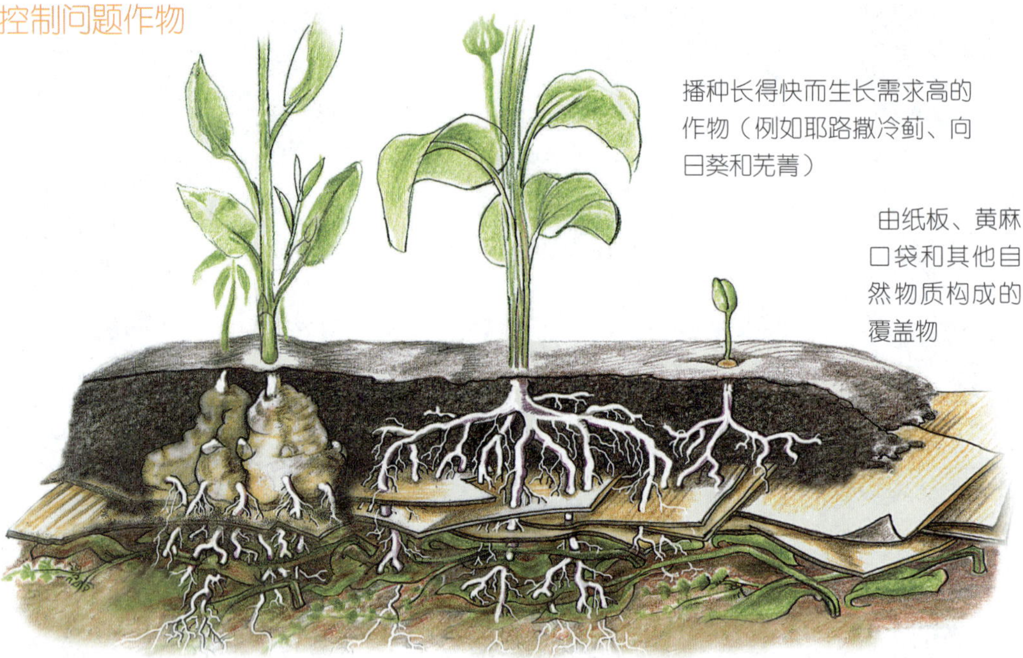

过于精心栽培的品种来，能更好地适应本地条件。在更早时期，每一个国家，实际上每一个地区，有它们自己的谷类品种。这也适用于蔬菜，马铃薯和药草。无数的本地品种都在一个农场种植和传播。这些品种通常没有自己的名称。通过选择过程，它们经过世世代代种植，变成了最适应本地条件的作物。因此，这些品种在栽培它们的地区长得最好。这就是为什么重要的事情是，在你所处的地区问一下周围的人，以便查明有哪些本地品种，然后繁殖它们。

杂交种子（杂交第一代品种）完全不适合朴门农艺系统。人们培育的这些种子，使它们中的绝大多数不再有繁殖能力。他们没有培育真正的品种（换句话说，他们不能每次都传承品种的特性和品质）。而且总是不得不又买新种子——对此，只有种子公司心满意足。杂交种子来自同型的近交系，往往不能再繁殖，而且不适应不同的本地条件。它们带来好收成，可是更容易有病虫害，因为它们不适应本地条件。所有这一切与单一种植的作物配合在一起，导致单一物种的总数增加到极大的数量，后来还导致农药的使用。

在遗传学上，修改过的种子更加有问题！依我看，用这样的方法对抗自然，改变生物的遗传组成，简直是罪过。任何人以尊敬和理解的态度对待自然，都会有同样的感受。在作物栽培和动物饲养方面，使用遗传变体的结果，其影响还不能预见，也许它的使用，几乎不能再调节或保持在控制范围内。作为专业化和现代化的结果，我们已经几乎完全丧失曾经有过的作物多样性。有作物多样性，在农业和园艺方面，就有许多资源。在欧盟国家，种子的繁殖和销售权已经从农夫手中夺走，并且留给农业公司，这个事实特别有问题。一旦我意识到这点，我就努力去繁殖每一种能想到的且适合克拉米特霍夫农场种的作物的种子。克拉米特霍夫农场的作物多样性给我提供了某种生物基因库。来克拉米特霍夫农场的参观者，在游览农场期间，被允许收获少量的种子为自己使用。

凭我的经验我确信，生长在最贫瘠的土壤上，处在最恶劣（高海拔，霜冻等）条件下的最茁壮的作物种子，是最适合繁殖的。因为它们有正能量，而且自身生长良好。在学术杂志上，相反的情况时常可以找到。这些杂志宣称，生长在肥沃土壤上的大多数作物的种子应该优先选用。就我而论，用这些种子将会是，最糟糕的选择。虽然生长在肥沃土壤上的作物，的确生产产量很高，我的经验是用这种方法培育的作物退化了。而另一方面，从生长在最贫瘠土壤上的最茁壮的作物收集到的种子，长成很能对付艰难条件的作物，因为它们生长需求低，而且仍然收成好。对我来说，这些就是最好的选择标准。我同样继续培育更耐寒更茁壮的作物，它们能生长茂盛，而不用经常施肥和浇水。自然地，在选择种子时，我注意品种的味道。有营养的高品质食物发出强烈的气味，并且含有许多珍贵的物质，在某种程度上它起的作用几乎像药一样，保护人类和动物避免疾病和虚弱。健康食品也应有这种味道。任何一个味觉好的，甚至已经部分地得到保护，免吃现成饭和快餐的人，可以用它来确定种子作物的质量。

我创造的无数产地和微型气候对生产种子很有用。在这些地方，防止相关品种交叉授粉是可能的，因为它们可以在空间上互相隔离开来。当你种植不同种子时，在一个小区域内，种子可能交叉授粉，重要的是创造多层的，且有结构的产地。在准备保存和改进的单一品种之间，如果有树篱，特别是有高耸的垄，这应该能避免种子相互授粉，特别是如果它们靠风力授粉的话。由昆虫授粉的品种相互间要有相当的距离，以便它们培育出来能保持品种的纯洁性。经验证明，要成功地种植种子，有一件事你应该做。从一开始你应该检查你所选择的作物的自然繁殖周期。它们怎样授粉，需要昆虫吗？如果是，是哪一种？靠风力授粉的品种，你必须注意风的方向，因为这就是花粉被传播的方向。如果我想防止两个品种交叉授粉，在这个风向上两个品种间必须保持更大的距离。选择不同时间开花的品种更为简单，因为到时我能完全排出交叉授粉。然而在克拉米特霍夫农场，通过偶然交叉授粉，产生了许多新品种。从这些新品种中，我繁殖了最好最有味道的。所以，已经有马铃薯、色拉和南瓜的许多新品种，我还得为它们取名称。

谷类

培育单小麦（*Triticum monococcum*）（一种古老小麦）和二粒小麦（*Triticum dicoccum*）（一个很早以前的小麦品种），趣味盎然。虽然这两个品种每棵植株产出低下，但是已经证明，它们所含蛋白质和矿物质比其他小麦品种高得多。它们很有营养又容易消化。它们非常适应贫瘠的土壤条件。由于黑色的效果，黑二粒小麦甚至能抵抗紫外线辐射。我所发现的任何其他品种的小麦，都没有这种情况。斯佩尔特小麦（*Triticum spelta*）大名鼎鼎，还有另一种自古以来种植的小麦品种。斯佩尔特小麦在贫瘠土壤上也很茂盛。它味道好而且富含蛋白质，此外，在它成熟前已被广为食用，也可以用来做咖啡的替代品。它有益于健康的品质如此突出，以至它被用来填充枕头，治疗头痛、失眠和紧张。我已经种植了许多不同品种的黑麦，如野黑麦（*Secale multicaule*）、黑燕麦（*Avena spec.*）、裸燕麦（*Avena nuda*）和大麦（*Hordeum vulgare*）。在高山上生长良好，我们习惯种植的特别好的本地古老燕麦品种是菲西特尔山燕麦。

在克拉米特霍夫农场，我也栽种一种古老的谷物，它原来来自西伯利亚。1957年，当我看见一则由维也纳一家公司的杂志Österreichs Weidwerk发布的广告，我认识了这种古老的西伯利亚谷物。这则广告说，“古老的西伯利亚谷物——种子猎场难得之物”。我定购少量这种谷物种子做试验。直到现在，我仍然种那时买来的那一公斤种子的谷物。它非常类似于我们的老品种火黑麦；它长在最贫瘠的土壤上，并且是多年生的。这意思是，举个例子，如果你在海拔1400米的高处6月份播种它，它最早在第二年的9月份成熟。也就是说，麦穗已经长成并且可以收获了。如果它被家畜或鹿吃掉，或被人收割，那么它产出丰盛的饲料，而且绿草很密集。在此情况下，麦穗会在一年以后长出来。从主茎上能长出的穗多达20株。让我又一次惊喜的是，我在哥伦比亚的科研项目中，这种谷物5个月就成熟了。那里在海平面上，阴凉处的温度为45摄氏度左右。这说明了这种古老谷物的适应性。

当你种植任何生长需求低的谷类品种时，你必须十分小心肥料的应用。如果你用了太多的粪肥或液体肥料，作物会很快长高，接着倒伏并且开始腐烂在土壤里。这种施肥增加了土壤里的氮含量，超过了作物能吸收的量。在砾石坑里种植古代谷物比在肥沃的园地土壤上更容易。

除了用它们作食用谷物和种子之外，当第一次播种新的地块时，我还喜欢用各种谷物作为绿肥作物和先锋作物。因为它们生长需求相当低，而且生长迅速。我还用它们作饲料。我用谷物、豆荚和根茎作物的混合物播种围场，并且不收获它们。短期内，作物为我的牛和猪提供了最好的饲料，不费吹灰之力。

古西伯利亚谷物。

种植和加工火黑麦

我们曾经习惯于种植许多火黑麦的本地品种。这其中的一个例子是隆高托尔恩黑麦，我至今仍然种植这种谷物。因为几乎不再有人了解这种种植方法，我想快速描述一下我们过去怎样习惯于种植火黑麦。

在春季，这里通常是5月，那是烧地的季节，孩子们也会来帮忙。这是一项任务，一旦草地被收割了，草地就从树枝和植物生长中获得闲空。所有粗大的东西都被耙起，小灌木和云杉树被砍掉，一切东西都放成许多堆，然后付之一炬。燃烧使人确信草地不会过度生长，而且以后容易收割。燃烧也预防了树枝和杂物混入干草。草堆燃烧之后，灰烬会被耙到田地各处，接着火黑麦就播下。以这种方式准备的土壤上，播种知名的黑麦。因为它是在植物物质被烧之后播下的，谷物生长良好。在7月底或8月初，火黑麦与草地上剩余的草一起收获、晒干并且存放在农舍里。在更大的地块上，通常在第二年的8月底或9月初，收割火黑麦，作

古西伯利亚谷物在苏格兰高地的试验区。它甚至在这片石南丛生的酸性地上茂盛生长。

生长需求低下的古老谷物长在贫瘠的土壤上（这里是云杉树曾经在接近海拔1500米处生长的地方）。

为食用谷物和种子。在克拉米特霍夫农场，我们仍然习以为常地把它们捆成捆，集中成堆，以便谷物在田地里成熟两周到三周。

后来麦捆运回到农舍。我们把麦捆放进槽里，认真地安排它们。我们把扎在一起的麦捆倾斜成一个圆圈，从中间向外堆放，以便所有的麦穗都指向中心。充分利用已有的空间很重要。当一圈堆满，没有留下更多空间时，我们着手处理下一圈，直到所有的谷物都安放好，这时槽就装满了。于是谷物储存在那里，直到其他秋季的活计干完，而且在大雪到来之前砍好了柴火。到11月，是用一台打谷机开始打场的时候了，打谷机由一台旧的煤油或汽油引擎发动。当天气不好时，我们通常进行这项工作，因为外面什么活计也干不了。打场是劳累、肮脏和精疲力竭的活计。在打谷机里，麦穗被劈碎并且与草分离。一旦一个品种已经脱粒完，我们便把打谷机收起来，让路给扬谷器。扬谷器用手工操作，产生一股气流，进一步把谷物与草分离。轻的东西，如像空穗和碎草，很快被吹走，并且收集成一大堆，后来用作牲畜的垫圈。时常这种草料与麦麸和热水相混合，形成糊状物用作饲料。细的东西，像在打谷机里破碎了的谷粒和沙子，用筛子筛落，收集起来成了鸡饲料。大块的东西，像麦秆或小石头（时常还有鹿和野兔的粪便）留给鸡扒出其中的谷粒。最后从主斜槽里出来的是相当干净的种子和磨面的谷粒。从这里加工出来的一切东西都用在农场上，在当今的“扔掉”文化中，这只能给我们做个例子。

克拉米特霍夫农场台地上的黑麦。

在克拉米特霍夫农场上，我们仍然把新割下的谷物捆成捆，然后把它们集中成堆，以便它们在地里成熟。

多样化种植的提示

以多样化种植的方式耕种作物，无论何处既可能又现实。正如我之前已经提到许多次，单一种植农耕法完全是不自然的。它造成了许多问题，所以应该禁止。不同作物作为一个群体能很好地生长，它们可以同时被收获和一起加工（如用作高质量饲料）。在你的周围环境和你的土地上，找到长得最好，产量最高的混合作物会花费时间，特别是如果你在这方面没有经验的话。正像做一切试验一样，你应该总是从小规模开始，在大块地上试种混合作物之前，观察作物的成长。现在，我想讲几个多样化种植的例子，多年来有许多次，我获得了好收成。

种植谷类的时候，填闲作物，如像三叶草、小萝卜、色拉和各种药草也可以播种。一旦谷类作物开花了，这些填闲作物就应该撒上。当谷类作物成熟时，填闲作物非常缓慢地成长着。当谷类作物收获时，填闲作物突然得到更多的阳光，并且茁壮成长。接着它们很快就可以收获了。这个方法既尝试过又试验过。混合的三叶草品种的填闲作物可以早撒些。当谷类作物成长时，三叶草会支持它们，三叶草还有助于控制作为地面植被而滋生的对手植物。当谷类作物已经收获时，田地可用作饲料场。

茬地条播也可使用。适合条播的作物取决于位置和生长季节。这里谷类收获在9月份，所以只有饲料和冬季水果，像冬油菜和萝卜，接着就可以播种。在秋季它们还在长根，熬过冬季，到第二年夏季成熟。之后它们或被收获，或被留下改良土壤，很可能被犁翻进土中。在高度较低处，某些谷类在7月份打场，填闲作物在同一年内有了另一次好收成。快速生长的蔬菜、萝卜和色拉适合这种情况。填闲作物收获之后，在秋季，地里就种上了冬季作物。自然地，这种土地的密集使用，只有当一种作物不以单一种植方式生长时才有可能。为了提供作物需要的养分，需要一个既能改良土壤又能固定氮的作物来均衡混合体。多样化种植不会耗尽土壤中的任何一种营养物，因为它们有不同的需要。同样重要的是，不要收获掉一切东西，而是要留下某些作物，作为覆盖物和绿肥作物的营养源。当第二季作物本身被用作绿肥时，它提供了即时而又直接的收成，这通常被人们忘记：也就是播种其他地块的种子。

进一步的例子是玉米、向日葵和工业大麻，它们都可以与豌豆或菜豆种在一起。长得高大的作物给豌豆和菜豆提供攀爬的东西。反之豌豆和菜豆提供氮并促进支持高大的作物的生长。耶路撒冷蓟与玉米、豌豆和菜豆的混合耕作特别合适，它们也可以一起收获和加工，装进饲料地窖里。填闲作物白三叶草、黑苜蓿和生长在潮湿土壤上的杂三叶草，都可以使用。

生长在一起的豌豆和玉米，提供很好的饲料混合物。它们也可以一起收获和打场。玉米是能量很高的饲料，可是它只含很少的蛋白质，所以足够量的高蛋白饲料应该添加到玉米中——豌豆特别适合做添加料。

种植亚麻的时候，用白三叶草做填闲作物是可取的。如果三叶草播种晚了一点，亚麻会突然高出一个头，它会阻止三叶草过度生长。当选择填闲作物时，重要的是密切注意作物的搭配。以便主要作物不会被覆盖，而且作物不会处在互相竞争中。

罂粟对黑苜蓿和白三叶草也是很好的补充。春季播种的荞麦也与作为填闲作物的白三叶草长得很好。也可以增加色拉或小萝卜。由于荞麦需要大量的阳光，它本身不能用作填闲作物。

在我们使用的动物饲料中，很好的混合作物是耶路撒冷蓟、各个品种的羽衣甘蓝和萝卜。耶路撒冷蓟块茎熬过冬季，只有叶和秆会冻结。萝卜能经受霜冻到

谷物与不同种类的三叶草构成填闲作物。

某种程度，而提到的羽衣甘蓝各个品种，在霜冻的条件下，生存的时间更长。自然地饲养牲畜的时间有可能更久。如果雪不太深，牲畜甚至能在这层饲料混合物上过冬，不需要添加任何额外的饲料。

你将不得不自己通过试验，找到种子的最佳组合。因为这主要取决于土壤条件、湿度水平、温度和诸如风和霜之类因素。地块的预期用途，也影响你需要的多样化种植的类型。如果我想创建一个自由采摘区，或为市场而种植，我播种适当品种的蔬菜，而且选择填闲作物，以便提供一个好的生产区。然而如果我想为养在草地上的牲畜种植饲料，三叶草与作为填闲作物的蔬菜会成为优良的食物源。这些只

克拉米特霍夫农场台地上的多样化种植：色彩鲜艳的绿肥作物和可耕地上的作物（例如烟草）混合种植生长茂盛。还有果树种植其中。

是少数的例子，用来鼓励你开始考虑，就你自己的情况而言，什么类型的混合耕作会是最好的。

在“园艺”部分，有一个作物名单。为耕种一块地，这个名单应该有助于你选择一个适合的多样化种植。它包括最有效的作物群落信息。

高山作物

多年来，对于在高寒地区种植作物，我可算经验丰富了。从这些经验中，我学到的最重要的事情之一，还继续推动我的工作：也就是要密切观察自然界的所有变化。对自然感兴趣的任何人，这是奇妙而迷人的活动，因为学无止境而且你受益匪浅。黄龙胆（*Gentiana lutea*）这个例子清楚地说明了这一点。

有一段时间，我试图种植黄龙胆，但并未成功。在隐蔽的条件下，又在各个品种的种植说明的帮助下，我努力栽培这种作物——然而我还是一败涂地。直到我准备处置留在门外暴露的种子盘，并且忘记了种子盘暴露在自然环境下许多个月的时候，我才突然有了我已经放弃了的结果，真使我大吃一惊！龙胆种子在2000米的高度上成熟了，换句话说，在高寒山区！这是怎么发生的？解释是，春季里高寒山区的天气千变万化。这就是说，早晨多霜，白天干燥且炎热，晚些时候下雨又下雪。这种天气模式开始于春季，继续到6月，短期内天气变得炎热。因此龙胆种子变潮湿，暖和起来，而且在它们的天然产地冰冻了无数次——像我留在门外盘子里的种子一样。种子在夏季（7月）的温暖中发芽。在头一年，细小的幼苗几乎无法看到。当然，在秋季和冬季，幼苗暴露在同样的条件下，龙胆种子去年就暴露着了。龙胆种子只有在极端气候条件下（例如下霜）才会自然地发芽。所以结果证明，我对作物是拔苗助长。自然是不能被“改造”的。

如果你想种植黄龙胆，你应该考虑它们在多霜的条件下发芽，所以它们应该在秋季，冬季或至迟在春季播种，只要还有许多霜冻的夜晚。如果这样不行，还有模仿这些条件的方法。种子可以放在塑料口袋里，与土混合，母体作物从那里生长。然后加点水，接着，在播种前，口袋放进冰箱，温度在零下10摄氏度到15摄氏度好几个星期。当我想种植高山作物时，从母体作物的根部附近去掉一些土，通常为妙计。如种植其他品种的龙胆，像斑点龙胆（*Gentiana punctata*）或高山作物，像毛状高山玫瑰（*Rhododendron hirsutum*）、山金车花（*Arnica montana*）、高山风铃草（*Campanula alpine*）、山白头翁（*Pulsatilla montana*）、牙疙疸（*Vaccinium vitisidaea*）或越橘（*Vaccinium myrtillus*）。土壤里有共生的真菌，作物生长需要它。如果我播种的这些高山作物，它们自然地生长在更低的高度上，那么真菌就不会存在。这就是为什么我必须采用原地的土壤。在它们的自然环境（高海拔及高山牧场）中播种这些作物——例如，怀着改进种群数的意图，当然，这是多此一举。

龙胆种子也需要在阳光下暴晒，以便发芽。种子不应该被覆盖，或推入土壤中，不然它们会腐烂。在自然界，种子刚好落到母体作物周围的地面上，并且留在那里暴露在自然环境中。土壤被翻动过的区域有利于种子发芽。土壤自然地被牛、羊和鹿翻动过。一旦种子已经播撒在可能是最贫瘠最荒芜的土壤上，它们就留在那里完全靠自身的能量存活，按照我的经验，不值得浇水或施肥。

同样重要的是，母体作物的位置和种子将要播种的地方之间的高度差：一个1000米的高度差说明，植被是如此的不同，以至低1000米处的作物应该迟播种3到4个星期。这是对高度差这个事实的补救，因为在低海拔处霜期来得较晚。

前景：黄龙胆（*Gentiana lutea*）鲜花盛开。

台地上的龙胆作物幼苗。

使用这种技术，其他许多作物可以成功地播种。大量人员参加过我办的研讨会，又游览过克拉米特霍夫农场，成功地使用了我的方法。4至5年之后，龙胆根会达到足够的大小（鲜货重量超过半公斤），可以收获了。于是它们被挖起来，或者用来酿酒（作为主要配料或次要配料），或者晒干作保健食品，或者药用。自然地，我也收获作物的种子：头批种子荚一开始猛烈爆开，我就把作物割下来，并且放进纸口袋里。当种子干了，口袋只需要打一下，种子落到口袋底，然后秆就可以抽出来了。

许多动物和植物的物种现在遭受危险，龙胆是其中之一。自然保护主义者的通常做法是，把这些动物和植物“保护”起来，可是他们在还来得及时，不能采取措施保护栖息地和产地。我想描述我在这方面的个人经验：40年前，在高山牧场上，我们有大量的龙胆根。用一个“挖根器”——用30厘米长的尖铁锹，我们甚至挖到半米深处，把老龙胆根挖起来。这样做，小的须根通常保留不受伤害。挖的洞用土和石头回填，以便下一年龙胆种子能够落到翻挖过的疏松土壤上。还有，使用留下的须根，长出了浓密的幼苗。龙胆长得很快。使用这个方法，龙胆返老还童了。

至今，我们不但挖起龙胆根，而且把龙胆或部分龙胆从我们的地上除掉，这是非法的。完全可以理解，如果龙胆根不挖起来，它们因年龄（大约30到40年）而衰老了。并且土壤变得缠结又紧实，龙胆根都死了。然而我栽培这些作物，所以我有经验，知道哪里和在哪些条件下，它们成长良好并且能播种。怎样让种子发芽，我也知道它们在较低的高度上有共生真菌的帮助会长得好。依我看，如果高山作物的保护人（在奥地利公园管理人员和山地救援服务人员）得到培训，来栽培和繁殖黄龙胆，以便农夫不会被罚款。农夫只是想从高山牧场上的这些有益于健康而又珍贵的黄龙胆根中得益。这会是保护高山植物群的更加有效的方法。

饲养牲畜的轮牧法

在朴门农艺系统中，牲畜起到很大的作用。它们不仅提供高质量的农产品，还是勤劳而令人愉快的工人。家禽、猪、马、牛、绵羊、山羊和其他许多动物，都可以养殖在朴门农艺系统中。然而我只饲养身体健壮而耐劳的牲畜，它们适应这个地区。古老的，有时是罕见的驯化品种以及野生动物，最好地满足了这些要求。我成功地饲养了摩弗伦羊、小羚羊、野山羊和红色牝黇鹿和淡棕色的鹿以及不同种类的野牛，像牦牛、水牛、还有美洲和欧洲的野牛。

大多数驯化牲畜品种已经变得很稀少。我认为繁殖它们是我们的责任。有一段时间，当焦点一味地集中在优秀成绩上，而这种不健康的谋利益动向，已经影响牲畜的繁殖和饲养时，保护多样性就尤为重要，它代表了一个意义重大的养殖传统。古老的驯化品种不但相当强壮，比起它们的精心饲养而退化的近亲来，古老的驯化品种更聪明更能适应环境。它们的自然本能足够好，不会跌跤，并且它们的畜产品质量高得多。这些老品种能在接近自然的条件下饲养。在饲养牲畜方面，对我来说，这是主要的要求。

另一方面，集约化畜牧业达到大量牲畜受折磨的程度。人们真正地应该问问自己，他们是否想受到这样的对待。依我看，牲畜的痛苦也为人们所感受。任何看见过农场里面殴打牲畜的情景的人，会懂得我的意思。用这个方法生产的食品不是真正的食品，而是营养价值非常低下的东西，到现在这个事实必须公开于众。在现代“肉食生产”中，生长激素，抗生素和镇静剂的使用，已是家喻户晓。自从疯牛病危机以来，全世界都已认识到，没有什么东西能制止人们饲养牲畜。同样，这些可怜的牲畜一次被运输数天的时候，它们遭受的巨大紧张变成紧张激素传入肉中。所有这些我们对伙伴生物所犯的罪过，我们将自食其果。幸运的是，越来越多的人正在开始质疑他们自己的消费行为。如果不再有这些廉价产品的市场，在“肉食工厂”里对牲畜的虐待就会很快结束。另一方面，人道地饲养牲畜给我们提供高质量又美味的食品，尽可能地给牲畜自然而然的生活，让农夫欢乐每一天！

在克拉米特霍夫农场，牲畜总是成群地放在外面，我对它们关怀备至，以满足不同牲畜种类的需要。由于牲畜总是以种族成群地管理，雌雄牲畜的比例也不得不做适当的调整。它们能得到的面积大小，取决于每个物种自然需要的空间。稍有理解和洞察，在农场上饲养欢乐的牲畜，是件轻而易举的事。

朴门农艺系统养猪

猪是霍尔泽朴门农艺不可分开的部分。通过允许猪自由活动和使用围场系统，我减少工作量和需要的饲料量到最低程度。我同样得到鲜肉和做成腌肉的高质量食品，而且我可以销售我养的小猪。最后，通过拱松台地上的土壤，猪实际上帮了我的忙。对我来说，猪是多方面的好帮手。只要我给它们恰当的机会。然

牲畜养在外面，它们怡然自得。

而，如果我把它们关在圈里，那我得为我的猪拼命干活。饲养猪的时候，每一个农夫的第一要务应该是让他的猪过好日子。最终它们是农产品的提供者。看着猪的时候，每一个农夫应该能够说，如果他们与猪交换住处，他们依然很高兴。

像所有驯养的牲畜一样，经过多年选择性育种，猪已经失去许多它们古老的特性。这些“劳苦功高”的猪不再适合饲养在自然条件下。它们会绊倒在粗糙的地面上，几乎不能熬过冬天。此外，猪不再有需要它们是“好工人”的自然本能。为了这个缘故，在我的农场上我只饲养老品种猪。它们圆满地达到所有必要的标准，而且珍贵得很，因此只是小规模地饲养它们。

少数古老猪品种的特征

* 曼格里查猪（*Mangalitza*）

曼格里查卷毛猪从中等到大骨架，具有骨骼强壮，肌肉有力和耳朵大而下垂的特点。它们浓密卷曲的外衣（“毛”）呈淡黄色、红色或深褐色（燕子肚色）。要很好地保护猪免受寒冷和雨淋。小猪褐色和白色相间的条纹，使它们看起来像野猪。直到19世纪中叶，因为做腌肉很优秀，全欧洲都饲养曼格里查猪。由于肉食生产更加强化，它们逐渐被代替，而到今天，它们已是处在危险中的品种。它们的生长需求极为低下，所以很适合自由活动。只要围场足够宽大，能满足它们到处活动就好。到春季，防寒用的浓密下层绒毛脱去了。如果有机会在泥水中打滚，它们能难以置信地对付高温。母猪好吃的本能特别突出。这种猪以做腌肉而闻名，它有一层厚厚的肥肉和高质量的瘦肉。

***斯瓦比恩–霍尔猪（*Swabian-Hall*）**

斯瓦比恩–霍尔猪是大骨架猪，体形长，耳朵下垂。它们的黑白色彩使它们有别于其他猪种。这种牲畜以它们难以置信的性情温和而驰名。它们也很能吃苦耐劳，而且它们的肉质量非常高。尽管它们有优良的饲养价值，它们现在也遭遇危险了。

*** 杜洛克猪（*Duroc*）**

杜洛克猪19世纪中叶出现在美国东北部，与西班牙猪杂交而成。这种猪有微红的毛，中等到大骨架，有弓形背部和下垂的小耳朵。它们以冷静，温顺而闻名，对紧张有强烈的反抗力。杜洛克猪也十分吃苦耐劳，脚步稳健，难走的地面对它们有好处。它们的肉质量很高，这个事实已广为人知。

曼格里查猪：它们身上厚厚的“毛”，很好地保护它们度过严冬。

*** 杜罗波里耶猪（*Turopolje*）**

杜罗波里耶猪来自克罗地亚萨瓦河边，今天称之为牧场的地方。在萨瓦河边的树林里，这种猪整年都放在户外。为了适应这种环境，它们变成了优秀的游泳者。这让它们在大面积的洪灾

一只斯瓦比恩——霍尔小猪“工作”后在休息。

杜罗克母猪带着小猪在圆木隐蔽处休息。

草地上能成功地找到食物。杜罗波里耶猪有黑白斑点点缀，中等骨架，有半低垂的大耳朵。它们很能适应牧场环境，食物大部分来自饲料。它们的肉质量很高，然而，像曼格里查猪一样，它们有一层相对厚的脂肪。有评论认为，杜罗波里耶猪也是快要遭遇威胁的猪种。

杜罗波里耶猪也是非常强壮耐劳的品种。

自由漫步的猪，引起公众极大兴趣，可惜在奥地利已是罕见的东西了。色彩鲜明而又鲜为人知的老品种以及它们的小猪，特别吸引参观者和过路人的眼球。在濒危的牲畜品种中，这个正面的印象鼓励人们接受它，对它感兴趣，也使得直接销售这种猪做成的产品更容易。

猪是帮手

在许多方面，猪是令人愉快而且有用的工人。由于猪的挖掘活动，土壤得到极大的改良。当它们觅食时，它们拱开上层泥土，使土壤疏松并且通气。

通过撒松散的饲料（例如豌豆、谷物或玉米）在恰当的地方，准确地引导猪很容易。猪用最小的力气就能拱松板结的土壤，为以后的播种做好准备。用这个方法我能指导猪做从小到大规模的耕作。猪能轻易地做体力上要求高的工作。在克拉米特霍夫农场，那里有大面积的粗糙地面，某些地方土壤多石，无法耕犁，猪就是必不可少的活犁。

建造围场的时候，我注意猪怎样才能最好地帮助我。果园和苗圃成了它们工作的理想场地。与山羊和绵羊相比，它们不伤害果树。果园里经常有大量被风吹落的果实，这会导致真菌和霉菌的扩散。如果在适当的时候把猪放养到这些区域，这种危险在很大程度上可以避免。控制迅猛生长的野生植物时，正如前面提过，指导恰当的猪将大有作为。

德国的一个农业科研项目调查了大量的猪（杜洛克猪和曼格里查猪在其中），当它们被允许在植物王国里自由漫游时，植被图表显示，这些放过猪的区域里植物多样性加倍了。人们提出的理由是，生长在簇叶丛生区域的植物，本来它们不会有机会生长，但当草皮被猪拱开后，突然有了发芽和生长的机会。

对蜗牛苜蓿的控制，猪功不可没。要使用移动的圈，把猪准确地放到需要它们的地方。田地里有大量蜗牛苜蓿，用一条与耕作区域同样长的狭窄地带来围住，让猪吃掉蜗牛苜蓿。作为短期使用，铁丝网眼的栅栏也足够了。移动的隐蔽处，像马拉的拖车、运输车或任何类似的东西，构成合适的敞篷住所。猪必须先习惯于把蜗牛苜蓿当作食物源。为要这样做，我把我收集的蜗牛苜蓿与它们的正常饲料混合起来。这些牲畜很快就尝出了蜗牛苜蓿的味道，开始自己寻找蜗牛苜蓿，并且直接吃掉所有投进围场的蜗牛苜蓿。猪需要大量的水来消化蜗牛苜蓿。控制蜗牛苜蓿数量的时候，这一点永远不能忘记！昆虫，像伤害植物的欧洲大甲虫和金龟子等，在土壤中经历了生活周期的早期部分，由猪的拱土活动得到控制。

猪也用作朴门农艺系统自然循环的好例子：土壤由猪做备耕和施肥，里面的作物茂盛而茁壮。被风吹落的果实和留在土壤中的根茎用作饲料——同时蜗牛苜蓿和有害的昆虫，像欧洲大甲虫的幼虫被猪吃掉——最后，从人道地饲养的牲畜中，我有了最好的腌肉。

“员工对话”。

用围场系统养猪

在克拉米特霍夫农场，所有的土地都作为围场系统的一部分来经营。这就是说，所有的牲畜全年都养在外面。自然需求得到满足的牲畜，保持健壮又快乐，长得好而且繁殖好的子孙后代。有足够的空间活动又能四面拱土，对猪的幸福来说至关重要。正如给它们机会在泥沼中打滚并且做窝，以便它们能安全地把小猪生下来。猪没有汗腺，所以在热天，它们不得不依靠泡水和在泥沼中打滚来调节它们的体温。当猪在泥沼中打滚时，它们用一层泥巴覆盖自己，这层泥巴保护肤色浅的品种和那些毛少的猪，免受阳光灼伤，并且对预防寄生虫病做出重大贡献。猪要做自己的泥潭，湿地和流水处是最佳的地方。

用这个方法养猪，农夫的工作量减到最少。在户外养猪时，考虑到土壤条件和任何陡坡很重要。养猪的土地不应该使用过度。重要的是，确保恰当的存栏率，并且猪不能放养太久。连续不断地观察猪的数量发展和放养区域，就容易预防造成任何伤害。猪的存栏数要适应围场里猪能自然地取得的食物量。依靠土壤

大小猪都起到“犁”的作用。

条件和植被，在一个围场里，每公顷土地我养3到12头猪。用粗糙的圆木和石头做成简易露天结构，作为隐蔽处。当选择恰当的地方做隐蔽处时，你需要观察和理解这些猪。被转移到一个新的围场后不久，它们喜欢睡的地方，你可以清楚地确定。就我所能观察到的情况看，猪对地温非常敏感。猪特别喜欢休息的地方，我建造了一个或多个隐蔽处——取决于猪的数量和它们的需求。

额外加料毫无必要，因为在一个围场系统里，全年都有足够的植被，而且猪一年四季都养在外面。即使在冬天，它们在雪底下找到足够的食物——猪喜欢拱起耶路撒冷蓟，它的味道如红薯。

当猪从一个围场转移到下一个围场时，被猪拱开的土壤撒上了不同作物（萝卜、马铃薯、甘蓝、豌豆等）的混合物。在下一个围场里，我接着使用猪做其他事，如减少果树之间刺荨麻的数量。放牧之后，这个围场也撒上种子混合物。接着还有其他围场，而且周期继续下去。一旦足够的时间已经过去，猪可以回到第一个围场。系统按周期运行，额外的饲料就不必要了，因为猪会为自己找吃的。尽管放养，我总是努力落实有足够的块茎和根茎作物留在土壤里，以便作物能繁殖自己。对耶路撒冷蓟而言，猪的挖掘行为特别有用。因为不但土壤被疏松，而

泥塘对猪特别重要。

混合的小猪群在圆木隐蔽处前面。

且它也散开了块茎。一旦一个区域已经被放养，播种、新生和生长的条件，比在未翻耕的土地上更好。自然，在朴门农艺系统中，围场同时用作耕地。因为猪做了它们的工作以后，这些区域被用来种植作物。因此，事实上，围场不是浪费土地，而是以最高产的方法使用它。

野牛和古老驯化的牛品种

多年来，在克拉米特霍夫农场，我成功地饲养了古老驯化的牛和野牛。经过多年，这里最普通的品种和数量已经变化了。在20世纪90年代初，我养的牛最多，当时，在一个25公顷的围场里，我养了大约50头的野牛群。多年来我养过的牛有欧洲野牛（*Bison bonasus*）、北美洲野牛（*Bison bison*）、牦牛（*Bos poephagus mutus*）、水牛（*Bubalus arnee*），还有驯化品种，像苏格兰高地牛、匈牙利大平原牛和达荷美小型牛。当今，它们继续是我的饲养计划的一部分。

首先，对我来说，饲养野牛是为了繁殖和维持这个品种。为了这个目的，我正在与几个动物园合作来养育欧洲野牛，欧洲野牛也叫wisent，有评论说它是濒危物种。野牛也提供优良的食品。例如，牦牛和水牛的奶和肉是难得的美味。所有这些牲畜都特别吃苦耐劳，生长要求不高，所以饲养它们所需要的工作很少。快乐的牲畜，高质量的畜产品，而又不聚焦在高产量上，这既是成功的结果，又是成功的关键。

饲养品种牛

我总是用围场系统养牛。用这个方法土地永远不会使用过度，土壤和植被永远有足够的时间来恢复。养牛的时候，围场系统特别重要，因为牛的重量可以使土壤变得永远板结。在克拉米特霍夫农场，种牛形成小牧群，并且不同种类的牲畜可以发展成一个结合体。只有水牛孤立自己不合群，并且倾向于呆在靠近水的地方。它们喜爱一个特定的水塘。我觉得重视牲畜间的社会关系是极为重要的。如果你把畜群的组合搞错了，像所有牲畜一样，这可能导致争吵。牲畜产生一个自然的统治集团，这就是为什么你应该弄清楚，牛群中总有一头占统治地位的公牛。这头公牛的对手都应该明显地较弱。组成像这样的牛群将有助于预防任何对

北美野牛和高地母牛相聚在围场。

牦牛深厚的毛使它非常适应寒冷的气候。

手间的严重战斗。我也做了安排，使围场足够大，提供它们大量空间互相回避。创造休息和躲藏的地方也很重要。利用树多的区域和树篱形成视觉屏障，在这方面起到很大作用。牲畜不应该拿来展览，像在许多动物园里那样可以从四面八方观看。让牲畜有许多地方可以逃避，尽可能地少被人打扰。野牛可以养在围场里，没有任何问题，尽可能自然地饲养它们，并且保持它们的野生动物特性。为了做到这点，你必须熟悉它们的生活方式。与精心饲养的堂弟兄相比，野牛很清楚自己的能力，所以做围场周围的栅栏必须深思熟虑。要是牛经常快乐的话，一个普通的栅栏是管不住它们的。它们的好奇心和想单独玩的本能，会让它们顷刻间就克服了这些障碍。我用两米高的通电的猎场栅栏，取得了最佳效果。

饲料

因为我使用围场系统，所以仅在冬季期间，我才增添饲料。像猪一样，野牛也有由它们处置的丰盛的饲料地。在地里它们能找到冬季的食物，由萝卜、羽衣甘蓝、耶路撒冷蓟以及其他许多饲料作物组成。野牛还得到干草、谷物、苹果和榨汁后的梨渣，这是农场上做果汁和果子酒后留下来的东西。

我始终发现，当牛转换围场时，观察牛爱吃哪些作物是有趣的。通过长时间的观察，我已经确定由寄生虫在它们的肠胃里造成腹泻的牛，会吃有毒的植物，例如羽扇豆、舟形乌头、公蕨、毛茛、甚至有毒的蘑菇。

经过全年的观察，我能够确信，有丰盛的植物群，其中各种有毒蘑菇都能吃得到的牛，保持健壮。它们也不再需要喂驱肠虫药。从姆洛来的地区兽医弗雷兹·罗西恩博士，一直在检查我们的牲畜，并且为坦姆斯威格区政府签署必要的健康证明书达数十年。罗西恩博士对这个系统十分热情。饲养其他牲畜我已经获得同样成功。你只要查明这些植物以足够大的数量存在，而且相当多种多样，牲畜就能用它们的本能来决定，什么时候它们需要那些植物。显而易见，牲畜不应该放在由于饥饿而不得不吃这些植物的地方，因为它们不能找到任何别的东西可吃。为此缘故，你自己绝不应该把药草或有毒植物混入饲料中。只有牲畜知道它们需要什么。不幸的是，我从未找到时间研究所需要的剂量。这将是做科学研究的重要领域。适用于牲畜的东西，同样适用于人类。食物也是药！它必须是各不相同，有营养并且有益于健康。这就是说，饲料必须免除人工添加剂，而且不受

达荷美小型牛和高山母牛及小牛。

农药和化肥的污染。

最后，我还想总的说几句关于我的养牛方法：要独具特色，除去牛角。对牲畜来说，那是无法忍受的痛苦，而且对它们的行动也有影响。按照我的观察，它们以与往常不同且被打扰的方式行动。它们互相往肚子上顶撞，在怀孕的母牛中，这可能导致早产或胎死腹中。除此之外，我也赞成这个观点，即除去角的牛在其他方面也影响母牛。我想牲畜也会留藏和处理它们的蹄子和角中的有害物质。依我看，比起截肢来，除去角、剪短尾巴和耳朵算不了什么。我确信我们应该不说出我们对待牲畜的方式。如果我们牢记这点，并且对我们的伙伴生物给以照顾，养牲畜会给我们带来快乐和成功。

家禽

鸟类保护

在我讲述家禽的养殖之前，我要指出本地鸟类的价值和重要性。由于失去了它们的自然栖息地，无数鸟类处在频危状态中。草地和湿地被排水，河流被改道，土地被平整，这样不健康的农耕法和越来越多地使用农药，正在造成每年不断增长的威胁，涉及处在频危中的鸟类的红名单。城市延伸，交通网络不断密集，自然栖息地的消失继续加快。用我的农耕法去助力改变这个可悲的局面，我认为义不容辞。在控制昆虫数量和帮助繁殖及播种无数作物方面，鸟类起到了宝贵的作用。鸟类难以置信地有用，是有益的生物，应当采取一切有效的措施加以保护。

即使那些只有小花园的人家，对保护鸟类也能做出宝贵的贡献。结构良好的花园而不是割得整齐的草地，水果灌木构成的树篱而不是单一种植，提供了鸟类栖息地及食物源。化肥的使用必须废除，以便鸟类的自然食物源不被毒害。在树篱里，在草地上，或在森林里，植物品种的多样性越大，水果和浆果收成的多样性也越大。接着各种各样的昆虫也更大量的开始出现。这会保证饮食平衡。食虫的鸟类，像知更鸟（*Erithacus rubecula*）和鹪鹩（*Troglodytes troglodytes*）会发现一个慷慨大方的食堂。而且甲虫、蝴蝶、绿色蚜虫和白蝇的数量也永远不会变得太多，以至造成任何伤害。本地鸟类的好饲料作物有接骨木（*Sambucus nigra*）、绣球花（*Viburnum opulus*）、绵毛荚蒾（*Viburnum lantana*）、野樱桃（*Prunus avium*）、鸟樱桃（*Prunus padus*）、蝇忍冬（*Lonicera xylosteum*）、伏牛花（*Berberis vulgaris*）、悬钩子（*Rubus baccata*）、犬蔷薇（*Rosa canina*）、野女贞（*Ligustrum vulgare*）、紫杉（*Taxus baccata*）、常春藤（*Hedera helix*）、欧卫矛（*Euronymus europaeus*）、山茱萸（*Cornus sanguine*）、雪欧渣（*Amelanchier ovalis*）、白面子树（*Sorbus aria*）、花楸（*Sorbus aucuparia*）以及其他许多。这些树和灌木提供鸟类不同的浆果、水果和种子作饮食。一旦足够的食物范围得到保障，就是创建筑巢场所的时候了。筑巢在露天里的鸟类，特别喜欢把巢筑在浓密多刺的树篱中。霍尔泽朴门农艺提供在空洞里筑巢的鸟儿许多中空的老树。下一步，许多不同的筑巢盒子准备好了。盒子口的大小应该不同，为的是数量少而更具竞争性的鸟类，像大山雀（*Parus major*），也受到鼓舞。

冬季里鸟类不需要喂养，因为即使在冬季，在朴门农艺系统多样化的植物世界里，它们会找到足够的食物。可是，为了我房屋附近的鸟类，我仍然种植了少数饲料作物。这便于我更近地观察鸟类，对它们的行为及食物偏爱学到更多知识。饲料作物必须恰当地选择和维护。它们必须种植在有庇护的地方，像树的旁边。食物应该包括大小不同的种子（向日葵籽、亚麻籽、小米和大麻籽）。为的是吸引更多的鸟类，而不是只有几种。极其重要的是，确保饲料不潮湿，不受粪便污染。不适合冬季的饲料，可能导致疾病与寄生虫的传播！为了观察啄木鸟（*Picidae*）、旋木雀（*Certhiidae*）和五十雀（*Sitta europaea*），在冬季，脂肪和饲料的混合物可以撒在树上（树皮的裂缝里）。冬季喂养鸟类的另一种可能性是，在秋季，切下本地灌木尖上干的种子头。在冬季，种子头可以挂起来，并且会提供鸟类丰盛的食物。冬季期间，当地面完全被雪覆盖时，才应该给鸟类喂食。然而在你的园地里，你能为鸟类做的最好的事是，提供它们好食物，而不是收光你的朴门农艺系统里的一切东西。可以假设，不整齐的东西，像灌木和粗的树篱堆，鸟类很珍惜：在冬季，它们也可能在那里找到昆虫及其他小生物！

仁慈地饲养家禽

在克拉米特霍夫农场，我们广泛地饲养家禽，而且我们大部分自给自足。当然，把饲养家禽作为农场的收入来源，而不求助于残忍的手段，是可能的。

饲养家禽的时候，我努力了解鸟类自然栖息地，并且通过引进选择过的饲料作物，减少补充饲料。家禽应该能够尽可能独立地生活，并且在最好的条件下，提供高质量的农产品。自然地，孵化出来的家禽是最适合饲养的。孵化器孵出来的家禽，没有独立地养育一窝幼禽所需要的母性本能。它们时常孵蛋时间不够长，离开窝太早或不好好地照顾幼儿。获得自然界孵化出来的鸟类总是不容易，可是值得一试。许多珍稀鸟类爱好者及饲养者仍然相信，在自然界孵化又在自由活动中饲养的鸟类，不应该留下来孵化它们自己的蛋。他们定期检查孵化的蛋，如果发现任何家禽下的蛋，他们就把母鸡、母鸭或母鹅抓开，把蛋取出。这些蛋保温一天，之后接着放回窝里。我确信，与其说有助孵化，倒不如说这个行为伤害鸟类的自然养育和孵化本能，害多利少。当然，有时候，即使在最理想的条件下，母鸟也不会孵自己的蛋。然而我作为遗传选择来接受这件事。成功的母鸟平衡了损失。随着时间的推移，繁殖伴侣的理想数量会自然形成。我在饲养野鸭、印度秧鸡、带冠鸭以及斯塔利亚鸡方面，取得了特别好的结果。这些品种很强壮，适应性强，有助于把蜗牛数量压下去。

为了保护我的家禽，免受食肉动物的侵害，我种植树篱。举个例子，用这些起保护作用的树篱，我可以建立一个养鸡围场。我用各种非常多刺的植物。不同品种的蔷薇特别合适做成刺树篱。首先，它们起到了作为家禽隐蔽处的作用，它们受家禽欢迎。此外，不同种类蔷薇的果实，提供家禽一个美味的食物源。加之，我每天都欣赏蔷薇树篱美丽的花朵，沉浸在其醉人的香气中。下列野蔷薇是值得推荐的：多花蔷薇（*Rosa multiflora*），是强壮的攀爬者（繁花似锦，香气沁人），蜜蜂很喜欢它；犬蔷薇（*Rosa canina*）也是一种容易栽培的野蔷薇，是一种优秀的药用植物，其果实富含维他命C，也可以做可口的蜜饯或果茶。还有日本蔷薇（*Rosa rugosa*）也非常适合做这种类型的蔷薇树篱。在奥地利，它叫作“苹果蔷薇”。这名称可能来自这种植物的又大又红的闪光果实（蔷薇果），味道好极了。它也以“马铃薯蔷薇”知名，这来源于它的起皱的叶子。

我为家禽建造移动的做窝场所。它们由两块粗糙的木材构成，放置在多刺的下层丛林中。这种方式仍然有足够空间，让母鸡和它的小鸡在两块木头之间活动。这种做窝场所的优点在于，如果需要的话，在不同的围场里，它们能放在一起。据我的经验，移动的做窝场所几乎不曾被食肉动物攻击过。移动做窝场所似乎能抵御可疑的食肉动物。荆棘形成一层附加的屏障。

多年来，为了饲养鸭和鹅，我所建筑的池塘已经证明是特别值得花时间和精力的。为了这个目的，我创建了大小不同的岛屿。这些岛屿只能从池塘边用摇晃的木头（通常是一块木板就够了）搭桥过去。食肉动物像狐狸和貂怕水，只好从

克拉米特霍夫农场的俄国麝香鸭

松鸡曾经在我手臂上做求偶的夸耀姿势。

不稳定的入口处退缩回去。从入口过一座桥才能到岛上。岛上有隐蔽的做窝场所，场所上种着不同品种的柳树。柳树同样提供保护，免受食肉鸟类的攻击。应该有比能孵蛋的母鸭多两倍的做窝场所，以保证好的养育结果。做窝场所应该干燥，通气良好（但不是通风），根据我的经验，家禽喜欢在部分黑暗，有隔离的地方做窝。一个新的繁殖季节开始时，封锁这些场所特别重要。家禽需要慢慢地习惯于它们的新栖息地。鸭与鹅一年四季必须有通路到大片的开阔水面去。在冬季，如果池塘完全冻结，面对食肉动物，它们就毫无防护。为了这个缘故，流入池塘的水应有一个尽可能陡的角度。这样水压会保持流入处周围这个区域的水不结冰。

鸭是杂食动物，它们的饮食范围从嫩叶、根茎、水生植物、粮食、虫子、两栖动物，甚至到小鱼。它们也喜欢吃蜗牛！鹅专门吃植物为生。它们特别喜欢吃草和牧场植物。它们吃草并且给小片草地粪肥，鹅也是农场上最好的警报员。它们有强烈的保卫领土习性，用洪亮的鸣叫声宣布客人到了。由于它们在这方面做事准确无误，长期以来，它们在全世界被用作守门动物。

多年来我在饲养鹌鹑、野鸡和其他野禽方面，也有了经验。如果这些野禽的生长需求成功地得到满足，甚至有可能繁殖高需求的本地松鸡，例如松鸡（*Tetrao urogallus*）及榛鸡（*Bonasa bonasia*）。富有同情心和理解力，做什么几乎都是可能的。

土坑地窖和露天隐蔽处

由于克拉米特霍夫农场的牲畜整年生活在外面，建造简易而又可靠的隐蔽处刻不容缓。牲畜需要干燥的地方休息，以避风寒。我努力使用尽可能节省的建筑方法。正如我说过，隆高的冬天非常寒冷，温度有时候降到零下25摄氏度，所以我决定把隐蔽处建在地下。我利用土壤的地力来传导和储存热。这样做，我能简单又省钱地建造隐蔽处，因为它们只是土坑隐蔽处。创建里面空气自由流动又温暖的隐蔽处，让所有牲畜在隐蔽处里都能舒适自在。这些隐蔽处构造各不相同，以便适合不同种类的牲畜，并且按照牲畜养在那里的时间长度来建造。多年来，我已经发展了一些非常简单而有效的建造隐蔽处的方法，我现在详细论述这些方法。

做猪圈的土坑隐蔽处

建造简易的土坑隐蔽处给猪住，是非常直截了当的事。把这些建筑凑在一起不费吹灰之力，并且满足了猪的所有重要需求。首先，在一个山坡脚下，挖了一条2至3米宽，1到2米深的壕沟。当然，位置必须选择好，以便壕沟保持干燥。接着，树干架过壕沟，形成屋顶。这个屋顶应该稍微倾斜，以便任何水直接从顶部排除。为了使屋顶绝缘，在屋顶上铺宽幅平布或沥青盖屋板，而且整个结构用少量土或灌丛加以覆盖。建筑物的长度和宽度可以增加，可是做屋顶的木料必须是比较粗的。然而，按照统计学原理，宽度不应该超过4米。由于树干只是搭在土上，猪又倾向于到处拱土，所以树干必须至少有1米的超长度。为了同样的原因，壕沟必须有低矮的边墙。这将保证稳固性。建筑物只有一面开口，以便猪能进出。现在所有你要做的是，从门口扔进麦秆或干草，猪的豪华住所就完成了。

就我而论，这些土坑隐蔽处不必“容易接近”，因为猪不需要我。我只要把麦秆扔进门口，猪就会自己料理。清除粪便也不必要，因为猪是非常讲究卫生的牲畜。它们出去解手，保持“住宅”清洁。猪有“肮脏”的恶名，仅仅来源于这个事实，即在狭窄的圈内，它们不能到处走动，这迫使它们生活在自己的湿粪中。如果它们有走动的地方，那么，它们的睡处会惊人地干净。当许多人去参观时，他们对这个事实一再感到惊奇。他们说参观之后，对于睡在猪圈里面的土坑隐藏处，它们毫无保留。

土坑隐蔽处里的曼格里查猪。

圆木隐蔽处和土坑地窖

对于较大的建筑项目，我想特别重要的是，我的建筑和结构要尽可能保持许多交替的用途。我试图这样建造它们，只需稍作改动或无改动就能用于截然不同的目的。这样，我防止了大规模改动建筑需要的费用和精力，以及从一开始它们会带来的烦恼。现在我也建造更大的全用圆木的隐蔽处，而且让车辆能接近它们。就这样，我毫无困难地在隐蔽处里饲养其他牲畜，如牛或马。只要稍作改动，我也可以用这些建筑物做储藏室。

隐蔽处设计成三面封闭，入口向东面。这样做，隐蔽处面对升起的太阳，最早的晨光会唤醒牲畜。夏季期间在中午时分，如果牲畜感到太热，它们可以在里面躲太阳，而且享受舒适凉爽的生存温度。

为了建造隐蔽处，我以挖掘一块台地开始。那样做我不必深挖，只要往山坡里面挖。用这个技巧，省却大量的挖掘。一旦要用作隐蔽处的区域被挖起，挖掘机就在背后和各边挖一条大约有1米深的狭窄的壕沟。做墙用的木头将安插在这些壕沟里。建设期间，壕沟是敞开的。为了使每一堵墙整齐均匀，有必要一次性地安插所有的木头，并且填塞它们周围。其间木头可以向山坡的内侧倾斜。这份工作用挖掘机轻松地做了。作为附加装置，大多数挖掘机都有抓斗手臂，对做这项工作非常适合。如果没有抓斗手臂，木头可以用带子或链直接系到挖掘机上，并且吊进壕沟。当选择木材时，你应该确定，尺寸要够大，因为木材越粗，使用时间会越长。在这方面木材的种类也起到很大作用。落叶松与刺槐木是寿命最长的。木材的质量，换句话说，木材是否多节，或是否受到树皮甲虫的侵害，然而这些因素是次要的。这让你充分利用低廉的木材。我建造了许多用木材做成的圆木隐蔽处，木材来自防风林，正如我在“地形设计”一章中描述过的那样。一旦一堵墙已经建好，壕沟就被填平，挖掘机就用来安放圆木。做一个2米高的圆木隐蔽处，圆木必须深入土壤1米。所以你必须用至少有3米长的圆木。当三面的墙完成时，圆木都锯成同等的高度。这是必要的，因为把所有树干都均匀地安放进去有时不可能。所以你应该让木材的长度留有余地。后背墙应该高一点，以便它能与屋顶的顶部紧密配合。这会更增强隐蔽处的稳固性。一个边墙被切成同样高度之后，单根的圆木被一根盖顶圆木卡在一起。为了这样做，一根圆木纵向锯开成两长条，安放在圆木墙顶上，并且用钉子钉牢。一旦两边墙都这样做了，屋顶的工作就可以开始。圆木用一台挖掘机提高到隐蔽处上方。然后用一把链锯锯成“U”字形槽口，并且把它们钉到墙上。这些槽口提高了屋顶和墙壁之间的协调配合，又能防止隐蔽处朝四面坍塌，也加强了总体稳固性。

最后，屋顶用宽幅平布或薄膜覆盖，上面堆上泥土。下面介绍做这件事的最好方法：首先，我放薄膜在圆木上，接着薄膜上放少量土。这是为了填满圆木之间的空隙。使屋顶更加匀净，也有助于指引表面水流。现在薄膜已铺到顶部，这时候重要的是确定覆盖物没有破损，所以薄膜底下的土里绝对不能有任何石头。池塘衬里土成了最适合的覆盖物，因为它是最耐磨的。最后，为安全起见，覆盖物上再加一层薄膜。无论是做屋顶的薄膜，还是覆盖物，都不应该绷紧，否则它们可能在重荷之下裂开。现在隐蔽处覆盖好了。覆盖的深度会有不同，取决于泥

由云杉树和落叶松构成的圆木隐蔽处。

土。深度不要超过半米。肥沃的土壤特别重，所以要少用。当然，用泥土覆盖隐蔽处时，泥土也应该沿着边墙拍打。围绕整个建筑物的最好方法是，四边安放扶垛。它们使每一边的泥土更加稳定。

当然，这些隐蔽处的大小和设计可以千奇百怪，但是，由于屋顶的重量，宽度不应该超过4米。然而深度限制很少。我使用粗糙的圆木，因为它们减少工作量，保证更大的稳固性，确保这个结构用得长久。自然地，这个建筑也可以用加工过的木材建成，可是我觉得我的方法要更容易更省钱。有可能用一台挖掘机再加一个人，一天之内就建造一个有3米宽，6米长，2米高的圆木隐蔽处。这就是建造绝缘隐蔽处或土坑地窖的最快最便宜的方法之一。租用挖掘机的成本，一般在奥地利大约一天合400到500欧元（大约10个工作时）。如果你已经有木材，你把铺屋顶，钉钉子以及你自己的劳动成本加进去，总成本在700到800欧元之间。这类建筑物的寿命，当然各不相同，取决于所使用木材的类型和尺寸大小。如果你使用落叶松木或刺槐木，直径有30至40厘米，它会耐用大约30年。对一天之内建成的建筑物来说，时间可算很长了。

由于牛的身高，这类的隐蔽处非常适合它。因为牛没有猪那么干净，隐蔽处必须是易于接近的。把它建成有3米高，以便我能轻易地用一台拖拉机把粪清除。成本低，所需工作不多而牲畜又很快乐，我觉得这是完美的结合。

苏格兰高地牛和达荷美小型牛在圆木隐蔽处。

用作储藏室

泥土是最便宜最好的绝缘体。土壤的温度平衡了温度波动，并且提供稳定的室内温度。这不仅对牲畜有好处，还意味着隐蔽处也能用来储存水果和作物。由于我的围场也用来种作物，而且牲畜定期转换围场，所以在冬季，有些隐蔽处可以用作储藏室——而且它们恰好处在作物所在处。所以，举个例说，如果我想储存萝卜或马铃薯，我只要用拖拉机的叉去掉隐蔽处里的麦秆或干草，如果需要的话，倒上一拖拉机铲斗的沙。做了少量工作之后，我只需要用拖拉机把作物轻轻推进去。为冬季储藏的绝缘建筑物，我用麦秆堵住入口。绝缘与土壤温度相配合，甚至在最寒冷的冬天，也会阻止建筑物结冰。如果我只需要隐蔽处做储藏室，就安一道门，做一个容易接近的储藏室是轻而易举的事。

除了平衡温度之外，湿度高是这些储藏室的重要优点。当今许多房屋都有地窖，里面构筑了取暖系统。在地窖里，水泥地面也早就代替了板结的土地面。然而这对储藏水果与蔬菜是灾难性的。加热意味着湿度一般很低，以至放进储藏室的苹果很快就干枯皱皮了。可是，在土坑地窖里，80%到90%左右的高湿度，和它们相当稳定的8℃至10℃之间的温度，是储藏大多数作物的理想条件。

建造圆木隐蔽处或土坑地窖

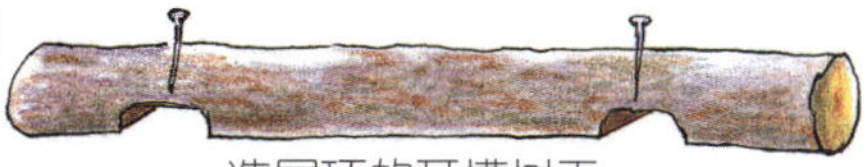

造屋顶的开槽树干

粗糙的圆木至少插入地下一米深，然后切成同样的高度

帽盖木纵向劈开，符合墙的长度，并且从墙木的顶上钉钉子

前视：用开槽口的树干建造屋顶

侧视：为了增进稳定性，后墙应该紧密地与屋顶的顶边相配合（后墙也可以有一个帽盖）

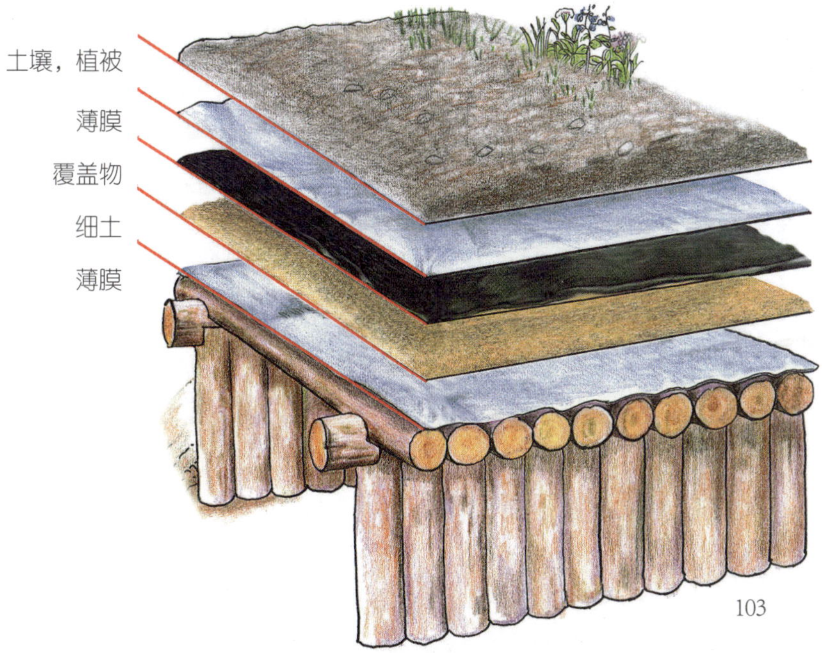

屋顶分层建造

由刺槐木做成的储藏室。

石头地窖

在克拉米特霍夫农场，我也建造了几个特地用来储藏水果与蔬菜的石头地窖。它们有着与木头地窖相同的基本特性，只是石头地窖意味着更永久。这就是说，建造一个石头地窖需要大量的工作。

当建造储藏室只是为了水果与蔬菜时，考虑到许多细节为明智之举。通风良好是重要的。砾石铺的地面是为了排水。通风管道必须够粗大，能提供房间所需要的氧气。空气穿过一个10米长的地下管道进入石头地窖。管道的深度大约为1米。在穿过管道的路上，空气温度改变成与土壤温度相同。如果进入的空气温度与里面的空气温度不同，在地窖里可能产生多余的降温，其结果是冷凝集结。滴下的水可能使作物开始腐烂或发霉。甚至根据房间的大小，进气和排气的管道直径必须做调整。例如，一个100立方米的土坑地窖，我用直径至少为15厘米的通风管道。

克拉米特霍夫农场的石头地窖。

储藏水果的石头地窖。

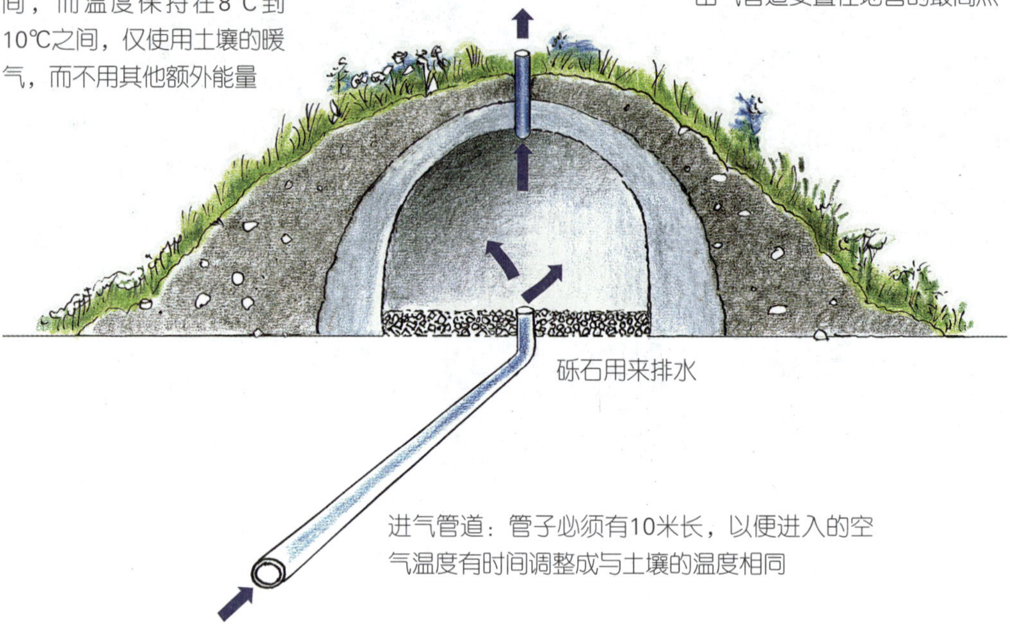

如果进气管道呈稍微向下的坡度，清洁地窖的时候，它也可以被用作排水管道。排气管道应安置在房间的最高点。这也有助于防止冷凝集结。

自然地，圆木隐蔽处和储藏室，像其他任何建筑物一样，必须定期做检查。为了即时修理任何损坏的地方和能够保证安全，这是必要的。

在世界各地，建造圆木隐蔽处和储藏室既合理又实用。我做的所有项目都已取得好结果。如果你利用土壤的平衡温度效果，你就可以在炎热的地方创造一个令人愉快，凉爽的休闲地，在严寒的地方创建一个温暖的家。你只要懂得怎样恰当地利用自然资源。

3 Fruit Trees 果树

可能的用途

在我的朴门农艺系统内，果树和灌木起到了许多作用。它们提供富含维生素的健康食品，加工成许多不同的产品，诸如蜜饯、干果、果汁、醋、葡萄酒和白酒等。果树也很适应种植在养着牲畜的围场里，因为它们是最佳的食物源。被风吹落的果实成为猪的高质量饲料源。果树开花提供大量昆虫丰富的食物源。在果树授粉中起到实际作用的蜜蜂，从果树花粉中受益多多。如果附近有足够多的蜜蜂群，随着受益的大小，授粉的花朵数量会显著增加。来自果树（大多数为野生果树）的木头，特别是来自梨树与樱桃树的木头，作为顶级质量的细木工和工业用材，被高度重视。果树根很受艺术家青睐，因为树疤木可以用来做独特而造型美观的物品，像木雕或其他艺术品。树的美学价值也应该加以考虑。从春天到冬天，当你每次走过一个鲜花盛开，水果飘香的果园时，总觉得心旷神怡。

种果树花费的精力不超过种任何其他的树。当我种植一个果园时，成本并不高。因为我只是种树，然后就嫁接我想种植的品种。如果你使用这个方法，你需要有极大的耐心。因为等树结出首批果实，要花很长时间。由于果树有那么多优点，在我的土地上，我努力种植尽可能多的果树。我可以使用我的所有台地来种植果树及作物，还同时饲养牲畜。

在林地里，我也种植培育的和野生的果树，以增加那里物种的多样性以及扩大我的林地可能达到的功能。按照我的观点，在林地里没有理由不简单地种植培育的及野生的果树在一起，形成混合耕作。至少在蒂罗尔州，在这一点上当局同意我的看法：一位年轻农夫告诉我一场商业磋商会，在会上野生果树的引进受到积极鼓励，在库夫斯坦恩镇附近，用了鲜明的标语“森林之珠宝”。如果所有当局都异口同声，那我可以省却许多争辩和挫折，节省大量时间。

在克拉米特霍夫农场，有几千棵品种不同的大小果树。一段时间以来，销售果树和灌木一直是农场收入的最重要来源。我督导了许多花园、娱乐场及公共场地（从公园、操场到公墓）的设计和种植。因为我种的果树不喷农药、不施肥、不浇水或不修剪，为了在这些条件下生长茂盛，它们必须发展成茁壮而独立的树。经历了一定时间，它们很好地适应了隆高的气候条件，在那里有着巨大的昼

开花的果树不但赏心悦目，而且也成为优良的蜂蜜植物。

种有梨树的台地，也用来种植谷类作物（古黑麦）。

夜温差，以及下霜的极大危险。这就是为什么我能保证我种的果树当年能长好，而次年不会冒任何大风险。我知道只要果树是我亲自种的，而主人又遵循我的指导，不太可能失败。尽可能别管果树，不要过分地照料它们。这个保证已经给了我巨大的商业利益，因为我是唯一一个能作出这种保证的人，也是唯一一个同意替换任何不长的果树的人。尽管需求还很高，这些日子我没有时间个别地销售果树，或承担小型种植工作。时间紧意味着，我只能监督少数几个更大更有兴趣的项目，我的作物最适合他们的需求。

许多果树遍及克拉米特霍夫农场。它们同样种植在陡峭而多石的地形上，因为它们有很深的根提供可靠的安全性，有助于稳定山坡。自然地，这些果树不是为了销售，相反，它们在原地保持水土。如果地方容易到达而我们又有时间，那里的水果就被收获，或市场有需求，或落到地上供牲畜做食物。长在这些地方的古老的和罕见的水果品种，一般都是种植的，对此酒厂情有独钟。例如，我种的苏毕罗梨，在荷兰杜松子酒的生产中很受人青睐。当我卖这种梨时，我安排购买

樱桃树的旁边是花楸树、云杉树、落叶松和瑞士松。

克拉米特霍夫农场台地果树景观。不同的开花期预防了因晚寒造成的作物完全歉收。

者亲自来收获。这意味着我只要告诉酒厂正确的收获时间，接着他们就派人来收获水果，并且还为这种难得的梨付了好价钱。在这个海拔高度上，这种梨发出非常强烈的香气，这提高了荷兰杜松子酒的质量和味道。

培育的和野生的果树旺盛地混合在一起，遍及克拉米特霍夫农场。野生果树能给许多培育的果树授粉。它们对制作荷兰杜松子酒和醋非常好，也可以用来做蜜饯与果汁，还有医疗用途。我特别喜欢种植：

* 酸苹果（*Malus sylvestris*）
* 野梨 （*Pyrus pyraster*）
* 野樱桃（*Prunus avium*）
* 黑刺李（*Prunus spinosa*）
* 花楸 （*Sorbus aucuparia*）
* 野花楸（*Sorbus torminalis*）
* 花楸果（*Sorbus domestica*）
* 肉红玉髓樱桃（*Cornus mas*）
* 雪欧楂 （*Amelanchier ovalis*）

由于果树以混合耕作而生长，它们在不同时节开花。这样可以避免在气候条件不好（霜期来得晚）时，作物颗粒无收。这种多样性以及不同的花期，保证了有大量的花朵得到授粉，这将保证水果有一个好收成。

栽培果树的错误方法

从我的童年到现在，我已经种植和照料了几千棵果树。即使还是小孩的时候，我就为不得不剪掉的每一条嫩枝而惋惜。这就是说，到修剪果树的时候，我总是有点粗心大意。结果呢，一段时期内，在我起初种植的园子里形成了一片荒芜，蛇进出的地方。我在农业学校培训自己成为树木栽培家，我学到如何让果树长好的方法。按照想象，果树应该被修剪、施肥和喷撒农药。我们也被教导如何抓捕田鼠、放毒饵和用毒气毒死田鼠，以防止它们伤害果树。这些做法仍然描写在当今所有的教科书中，真是令人吃惊！

在培训期间，我也了解到果树应该怎样种植的传统观念：例如，为了种一棵果树，我们挖一个洞，有一米宽，40 ~ 50厘米深。然后我们安装通电的铁丝网，其边缘弯曲成圆圈，防止田鼠接近树根，并且树周围填满土。土首先要混合

茁壮的树在我的“荒野公园”里。

一铁铲的化肥，再加大量的水。之后，我们钉上一棵桩，接着用一条皮带成“8”字形把树拴到桩上。苹果树的树枝以小于45度角，而梨树的树枝以60度角，从树干上剪去。我们剪去每一个树枝，直到一个向外长的芽。这是有意让枝条向树外生长。大多数向里的枝条也被去除，以便更多的阳光能照到树顶。这意味着帮助果树长得更好。梨树的枝条是以60度角剪的，因为它们有很深的根，这意味着树能以更陡的角度支持枝条。坚实的桩意味着使树稳定，以便果树笔直朝上生长得更好。大风和雪不那么容易把它压倒。这听起来十分有理。放毒饵或放毒气毒死田鼠也讲得通——原因是它们啃树根。可是尽管有铁丝网，它们还是会啃的，因为它们经常从地面直挖下去。也可能过些时候铁丝网生锈了，不再能保护果树根。

当果树栽下后，多使用化肥被假设是帮助果树生长。按照专家的说法，农药保护果树免受真菌疾病和许多不同种类的“害虫”侵害，也是用得正当的。经济上的争论对任何外行人来说应该是清楚的。这里描述的“照料”果树的措施需要付出极大的精力，而且保证果树会继续需要经常的照料。以这种方法栽培的果树，从第一天起就依赖人的照顾。它们“沉溺”于正常的施肥和浇水，而且容易感染斑点病、真菌和遭受霜冻。它们容易受大风和雪的伤害，也易遭受每一种“害虫”的伤害。按照这些传统方法，在高海拔处栽培果树完全是不可能的。

当我完成培训时，我得到一张证书，允许我购买最强烈的毒药，像对硫磷。培训期间，我们使用了这些毒药。一旦我深刻领会了这些传统方法，我几乎变得很惭愧。因为我家里有一个荒芜的园子，所以我立刻实践被传授的知识，并且把园子“整理”好。果树修剪了，喷了农药，还施了化肥。我买化肥、老鼠毒饵和从药店买以公斤计的毒气。我去除每棵果树周围半径一米的草皮，钉上桩，把果树紧紧地拴在桩上。我剪短了房屋墙边的生长旺盛的墙树，并且把它们紧紧拴在架子上。我继续去除每棵果树一米以内的任何杂草。我无法用毒饵或毒气消灭的田鼠，我用摩托自行车充气，把毒气从废气管通过一个软管导向田鼠地洞的入口。这也是我读书的学校给我的推荐。我费了九牛二虎之力，用了一整年的时间，来执行这些任务。我也把这些方法用于我客户的很多果树上。第二年我发现我的所有墙树处在可怜的状态下。虽然当中几棵在边上或在接近地面的地方发出了新芽，杏树和桃树不再显示任何生命的迹象。我绝望了，因为我不能研究出所有这些损失的原因所在。我已经按照教科书做到了一切！在春季我拜访我的客户，向他们销售果树时，我突然想到要给果树修剪、施肥和喷农药。在雷明斯坦恩州的舒斯特—巴托农场，许多年来，我与这个农场生意做得很好，而且这个农场一直欢迎我。突然间，接待变得很冷淡。舒斯特—巴托夫人——她以意志刚强的农妇而闻名——以这样的口气向我问候：“啊哈，你来了！你就是那个用化肥毁了一切的人，恢复你修剪的一切。呃，看看你干的好事：墙树死了，一棵苹果树的所有枝条被雪压断了，小树苗都被霜冻死了！你就是要赔偿所有损失的人！”我真正地吃了一惊。当然，我不能说我家里的大多数作物也死了，否则我将不得不赔偿到处遭遇的损失。

谢天谢地，那年有些客户我没有去拜访，于是赦免了我的“专家指点”。这些客户实在太宽容了。一旦我看出这点，我宽慰地舒一口气，并且决定清洗头脑，忘却我所学过的东西。这把我拉回到正确的轨道上。舒斯特—巴托夫人十分正确：粗糙的修剪和大量使用化肥的确使果树生长很快，然而，枝条不能正常地木质化，以至在我们隆高的极端温度下，果树都死了。我把独立又健康的果树变成依赖毒瘾的，而我粗鲁的修剪只会使果树残缺不全。真是幸运，我的实践经验帮助我回到正确而自然的方法上。

我的方法

按照我种植果树的方法，你应该丝毫无损地留下嫁接处以下所有的枝条。这就是说，你不应该砍掉它们！你也不必挖一米深的洞，不插小树护卫杆，不钉桩，也不使用化肥。当我种植果树时，我只是挖成深坑，用覆盖料或附近的石头

果树

传统方法：需用一个网来稳定根球。切割造成树不必要的损伤，此外还需要人工。树失去了恢复力，受大雪灾害的危险更高。

我的方法：根球以正方形盘状挖起：根球盘根很好，植物群落使它变得坚强。树可以简单地移植，并且生长良好。树移植后不应该回头修剪！树保持恢复力，它能在山坡上稳固自己，受雪灾的危险缩到最小。

覆盖这个区域。这层覆盖物保持住湿气，腐烂后变成了肥料。石头通过压住树根稳定了果树。石头会“出汗”，换句话说，石头底下聚集了冷凝水汽，这对于新栽种的果树是有益的。石头也平衡了温度。最后，石头底下会发现大量的虫子，这些提供果树珍贵且营养丰富的虫粪。其他许多重要的帮手，像蜥蜴，蛇蜥和地面甲虫在石头间找到了合适的栖息地。一旦我种下果树，在周围我撒上改良土壤的作物种子。根深的先锋作物，像羽扇豆、甜三叶草、苜蓿和金雀花

硕果累累，树枝低头——这让阳光射到树顶。

特别适合。它们的深根有助于给土壤通气，并且预防表层土壤中水的聚集。果树对水的聚集特别难耐。它们变成了矮树，不再有理想的收成，并且更容易感染疾病和虫害。我时常被问及为什么某棵特定的树不能正常地生长。原因通常是，种树的位置错了，风太大，气候太热或太冷，太潮湿或太干，或者土壤条件不利于生长。首先，板结的土壤使果树吃不消。为改善本地条件，我创造了微型气候，例如，在避风向阳处，防风林或垄，让果树得到保护，让它有需要的自然环境。为了改良土壤，我播种像那些上面提到的植物群落。你必须一直密切观察果树，以便你感觉到它们什么时候快乐。随着时间的推移，你的眼睛会变得敏锐，凭借树叶和树皮的颜色，能直接地认出一棵果树是否处于正确的种植地点。当我重新种一棵果树时，我把其他植物也一起挖起，这样我省却了播种另一块地的工作。我把根球挖起，成正方形盘状，这样容易在地上安放下去或重新种。当果树被储存和运输，或当它稳固自身时，陪伴的植物加强了根球，保护果树免受干死。因为我不需要用铁丝网，所以省去了这份工作，否则，保护根球的时候，这份工作是必须做的。

由于我不修剪果树，枝条保持了它们的恢复力。这意味着当果树被果实或雪压下来时，它们在地面上能支持自身。果树能稳固自身，就不太可能长歪了。果树能适应地形。当树枝被果实压下来时，它让阳光照射到树顶上。可是，如果我按照专家们推荐的方法修剪果树，给它们施肥的话，那么它们会把过剩的能量长成嫩芽，导致恶性循环。如果我修剪果树，它们就失去恢复力。当枝条受到压力时，它们不能下垂；相反，它们僵硬地刺向天空。在我们这种海拔高度上（到海拔1500米），这些枝条不能经受雪的重压，它们会折断。果实重量太大也会有同样的结果。修剪果树也造成伤口，这增加了感染疾病（真菌疾病，火疫）的风险。它也造成对果树不必要的压力，需要大量的人工劳动。作为一个学生，我没有在高山牧场种过果树，真是羞愧。20年前，我开始上高山牧场，用各种不同的果树品种去耕种。今天这种水果特别珍贵，因为那里的樱桃9月份成熟。到这个时候，在低海拔处大多数栽种樱桃的地方，早就收获过了。因为早熟品种成熟在6月底。在这个高度上，由于夜晚寒冷，李子、梨和苹果发出非常强烈的香味，

果树种植在新建的台地上。树周围我种了各种支撑植物，作为绿肥作物，它们改善了树的生长条件，也作为分散精力植物，提供鹿啃食的机会。在图片里，除其他之外，有一棵杏树被向日葵、耶路撒冷蓟、荞麦、油菜籽和蝎子草包围。

所以比低海拔处生产的水果，能卖得很高的价格。酒厂和醋厂的专家，以及那些有健康意识的人，熟知这些优点。这种耕作不言而喻与所有传统水果种植规则是相矛盾的。

在嫁接处与地面之间的边芽和枝条起到了另一个重要的作用。它们提供保护，防止被牲畜啃食。刚好在地面之上的细枝被野兔吃了，再上面的被獐子吃了，再在那些上面的被赤鹿啃了。动物在恰当的高度上为自己找到食物。所以它们不伤害树干。鹿能自由接近我在克拉米特霍夫农场上种的大多数植物，而且有许多美味的东西供它们吃。绝大多数鹿只是漫步而过，特别是因为农场背靠大片的荒野。这就是说，我的果树需要额外的保护，免受牲畜啃食。

防止牲畜啃食的保护措施

一般来说，当野生动物觅到足够的食物时，啃食果树的需求就下降了。因此，我总是播种我种植的一切作物。分量大到足够鹿、鸟类、野兔和老鼠都有点吃的东西。土地足够肥沃，能给每个生命提供一点东西。当人类变得太吝啬，想把一切占为己有时，一场许多伙伴生物反对我们的大战开始了。为预防大规模的啃食伤害，我引进大量分散注意力作物，比起我珍惜地栽培的作物，动物更喜爱那些。荞麦成了分散注意力的好作物，而且我也同时使用它们作为绿肥作物。许多种类的水果灌木对分散鹿的注意力很起作用，而且能把鹿排斥在多样化种植之外。为预防动物剥果树皮，我在这一区域，特别在山坡前面，种植了额外的柳树。比起果树来，鹿更喜欢剥柳树皮，因为它们更柔软更有弹性。

如果啃食和剥树皮的危险特别大，或者可以耕作的区域十分小，对果树提供额外的保护不失为良策。为做到这点，我使用家里做的良药，我把它涂在果树上或只要洒在果树上。它是由骨油膏（制造这药的说明在“园艺”一章中）、亚麻籽油、熟石灰、细石英砂和新鲜牛粪构成。这些配料混合在一起，到可以撒开的密度。如果我想撒骨油膏在作物上，我加更多的亚麻籽油，少用砂。撒的方法与教堂里撒圣水一样。也可以用一把刷子或扫帚来使用骨油膏。骨油膏有一股强烈而长期的气味，它排斥鹿接近。气味深入树皮而且延长许多年。在某一点上，它类似于矿物石脑油，或山毛榉焦油，也可以使用这些而不用骨油膏。由于石脑油和山毛榉焦油都没有如此强烈的气味，与微微烧焦的毛发，或者猪鬃，或者牛毛加以混合，是个好主意。为了稍微烧焦毛发，把毛发放入金属容器中，底下烧一把火，以便毛发热到微微烧焦的程度。这产生一种面粉状的物质，然后把它混合进骨油膏中，微微烧焦的毛发的气味只有人类在短期内能注意到。可是它继续排斥野生动物，而且动物也远远地离开骨油膏。亚麻籽油是用亚麻籽做的，可以在食品批发店里买到。亚麻籽油有利于把骨油膏的不同配料结合在一起，而且确保骨油膏黏附在树皮上。熟石灰对果树有益，因为它散发热。它也有助于结合骨油膏及其他配料。牛粪有助于使骨油膏形成大块。它很好地吸收其他配料，有助于排斥动物。骨油膏要有适当的密度。

如果现在一个动物试图吃任何作物，讨厌的气味会让它离开。如果骨油膏的气味开始消失，而且果树处在被啃食的威胁下，由于石英砂留在树皮中，一旦有动物啃食，会在它们的牙齿间造成很不舒服的感觉。有一次我从高处的躲藏处观察一只鹿和它的幼儿，因为它们试图啃食几棵我种的小果树。我已经用骨油膏喷洒了这些果树。鹿开头啃了几口，我看不出有什么反应。接着再啃下一口时，肯定是把我的骨油膏吐出来了。结果是：突然间，鹿像疯了似的动起来，作窒息状，头左右摇摆，胡乱地往前冲，而且使尽全力在草地上抹去嘴上的味道。幼鹿之后不久也作同样的反应。我哈哈大笑起来，不得不从高处的躲藏处很快下来，因为我已经兴高采烈。由于我的骨油膏的效果，我受到极大的鼓舞。显然鹿绝对不喜欢这种味道。这剂骨油膏至今没有辜负我。

其他可能防止啃食和剥树皮伤害的方法——有保护性的植物，例如，野蔷薇、伏牛花、黑刺李或其他类似的多刺植物。这些植物的嫩芽最被啃食，于是它们变成浓密的灌木，保护了它们背后的果树。

果树品种

从我做的试验，我已经发现被人们推测是非常有需求的品种——按照专家的说法，这些品种只在温暖气候下在低海拔处旺盛生长——也可以调整适应高海拔地区，并且获得满意的收成。例如，金富帅苹果在这儿海拔1 400米处生长旺盛，果实硕大，而且好储存。因此你不应该被别人劝阻，在高海拔处不种植所谓的“需求高的品种”。自然地，需求高的品种必须避风，而且重要的是，它们要种在气候优越的场所。例如，用石头或水体反射太阳的热，利用保护作物免受极端天气伤害的微型气候。使用凹地或防风林之类结构也有效果。无论如何你决不应该求助于化肥，因为这会使果树失去平衡，熬不过冬天。施化肥的果树长得更快，但是木质化不如未施化肥的果树那样好。这就是说施化肥的果树不能抗霜冻。按照专家的意见及文献，在隆高，水果种植到海拔1 000米为止。尽管如此，到海拔1 500米的高度，我种植了大量培育的和野生的果树。

特别重要的是，如果你想种植果树，就要调查你们地区种植的不同的本地品种。这些品种可能是最适合你的场所。我已经获得好经验的耐寒品种，可以在下面的名单中找到。所给的成熟期是海拔1 000米以上高度的平均值。果树很大程度上依赖海拔和气候。在克拉米特霍夫农场海拔1 100米处，白魁苹果在8月中旬成熟。并且只能储存几天。由于这个品种成熟在8月24日圣巴塞罗缪节左右，它以“巴塞罗缪苹果”而闻名。当收获晚了时，这种水果很快变得不脆了。它只适合榨汁了。在其他地方，在海拔1 500米的高度上，白魁苹果在9月份成熟，果实更坚硬而多汁，可以储存一个多月，榨汁仍然很好。所给的场所仅是一般的指导方针，而且应该显示每一品种的最佳条件在哪里能找到。然而，通过播种辅助作物和创造微型气候，贫瘠土壤可以用绿肥加以改良到某种程度。这能让大多数品种，在起初看来非常不适合的土壤上生长茂盛。所以，对这些果树品种做试验，并且收集你自己的经验时，别灰心丧气。

推荐的古老苹果树品种

品种名	场所及特点	成熟期	水果特性
阿克明	在阴坡生长良好，不易受斑点病、霉病感染，秋季苹果	9月中旬	甜食苹果，只能短期储存
斑皮苹果	生长需求高，产量少，在潮湿土壤上溃烂机会极大，花期早，冬季苹果	10月中旬，到次年3月好吃	味道类似无核小葡萄，甜食苹果
克隆赛	特别适合疏松的好土壤，树和花不易受春寒伤害，推荐种于高海拔处，授粉好，花期早而长，秋季苹果	9月开始	十分芳香，甜食苹果，容易擦伤，不能长期储存（到10月份）
鲍曼氏香蕉苹果	喜欢通气好的土壤，做墙树，不耐霜，花期早，冬季苹果	10月	早熟，产量高，果实坚硬，甜食苹果，适合晒果干，可储存到次年4月

续表

品种名	场所及特点	成熟期	水果特性
波黑纳	生长需求低，稍微喜爱潮湿土壤，适应严厉条件（耐霜又耐风），花期迟而长，冬季苹果	10月底，从2月到5月底可食	稍微酸，收获后不久变得多汁，适合榨果汁，耐储存
一面红	以土壤和场所来说，生长需求非常低下，花和树耐霜，适合严厉条件，果实耐风吹，冬季苹果	10月中下旬	甜而有果味，有利条件下，可储存到次年5月
丹西格	生长需求低，抗天气，适合高海拔，授粉好，花期适度早而长，不易受斑点病感染，冬季苹果	10月开始，摘下即可食	多汁芳香水果，适合榨汁，可储存到次年1月
伏花皮	在肥沃土壤上特别好，早熟品种（不耐霜），易被风吹落，应防风，秋季苹果	9月中旬	高质量甜食及多汁苹果，可储存到12月
雅奎斯勒贝尔	生长需求低，花耐霜，花期适度早而长，严厉条件下生长好，可是要注意避风，冬季苹果	9月底到10月中旬	多汁芳香水果，不易被啃食，甜食苹果，也很适合做果干和苹果酒，耐储存（直到12月）
詹姆斯格里夫	通风好的土壤，适合较冷气候，花易受霜冻，秋季苹果	9月开始	芳香多汁，甜食苹果，产量高
红玉	适合好土壤，花期适度迟，授粉好，非常易受斑点病和霉病感染，冬季苹果	10月开始，到次年4月好吃	富含维生素C，很好的甜食苹果，好储存
凯泽维克	生长需求低，花和树耐霜，非常适合高海拔处，果实风吹不落，所以可种植在多风区域，生长茂盛，花期适度早而长，冬季苹果	9月底到10月中旬	甜食多汁，可做苹果酒

续表

品种名	场所及特点	成熟期	水果特性
兰贝格香蕉	喜爱潮湿土壤，适合高海拔处，花期长，适应自然环境 ，适合多风区域，冬季苹果	9月底到10月中旬	很好的甜食苹果，适合做果干，可储存到次年1月
毛尼宅策	生长需求低，在严厉条件和高海拔处生长茂盛，极为耐霜冻，花期迟，冬季苹果	10月底	多汁酸性苹果，可储存到次年3月
奥登瓦尔德	生长需求低，非常耐寒，适合高海拔处，非常耐霜，木质硬，冬季苹果	10月开始	芳香多汁，可储存到12月
安大略	喜爱多阳光区域，花期适度早而长，不耐寒，很适合做墙树，抗病虫害，冬季苹果	10月底，次年1月可食	提神，多汁，酸性，维生素含量高，可长期储存，直到次年6月
羊鼻	喜爱好土壤，避免极度潮湿（有溃烂危险），花期迟，树和花非常耐霜冻，适合严厉条件和高海拔，冬季苹果	9月底到10月中旬，到次年2月底好吃	稍微芳香，做苹果酒很好
施密特	喜爱潮湿重质土壤，可种植在多阳光区域以及条件恶劣和高海拔处，冬季苹果	每隔一年9月份有好收成	多汁，酸性水果
贝尔斯库波	生长旺盛，相当抗斑点病和溃烂，花期早，（不耐霜）冬季苹果	收获期从9月底到10月中旬，从12月到次年2月可食	酸味，甜食和烹饪苹果，榨汁好
早艳	耐寒，生长需求低，高海拔处也成熟，早熟品种	8月（一般在白魁苹果之前）	芳香，贫瘠土壤条件导致果实小

续表

品种名	场所及特点	成熟期	水果特性
白魁	早熟，耐霜冻，适合严厉条件和做墙树，夏季苹果	8月	提神，多汁，只能短期储存（大约14天），甜食苹果
冬兰宝	喜爱新鲜土壤，花期适度迟而长，花能抵御春寒，强烈抵抗斑点病，冬季苹果	10月开始	烹饪及甜食苹果，可储存到次年1月
查伯尔区香蕉	不太耐霜，生长在干燥土壤上，低度感染斑点病，花期迟而长，冬季苹果	10月中旬到月底	甜而芳香，甜食苹果，果实大，可储存到次年3月

一面红苹果：在高海拔处，它们继续是高山优质水果。

阿克明苹果鲜花盛开；这种苹果非常适应阴凉条件。在图片里，它被作为墙树，种植在克拉米特霍夫西侧。

苏比拉——罕见美食，为生产荷兰杜松子酒原料，很为人们青睐。

推荐的古老梨树品种

通常，梨不应该晚收获，因为它们有很快变得过熟的倾向，于是不能再储存。决定恰当的收获时间很重要。

品种	场所和特点	成熟期	水果特性
亚历山大卢卡斯	生长需求低，耐霜，适合高海拔处，做墙树好，初冬梨	10月	甜而果味浓，提神的甜食梨，可储存到12月
七月红	生长需求低，适合高海拔处，成熟很早	8月	不能储存，小而甜的水果
如意	生长需求低，必须避风，不太干燥，做墙树，也生长在半遮阴处，夏季梨	8月底	硕大而多汁
白来强	生长需求低，长得旺盛，在避风区域特别好，未成熟易被风吹落，花耐寒，也适合高海拔处，秋季梨	9月中下旬	高质量秋季梨
康特斯	喜爱深土壤，树耐霜冻，花不耐春寒，必须避风，做墙树很好	10月	酸而芳香
格里斯	生长需求低，可种在干燥而多风的区域，果实相对小，耐霜冻	9月	做果干很好
泽西路易斯蜜	适合通风好的土壤，花和树不耐霜，果实风吹不落，不适合寒冷潮湿区域，有斑点病危险，做墙树好，秋季梨	9月	芳香甜蜜，甜食梨（储存到11月），宜做果干
康弗伦斯	生长需求低，耐寒冷，避免过分潮湿土壤，秋季梨	9月到10月中旬	非常芳香，产量高
大会礼品	生长需求低，必须避风，特别适合严厉条件，做墙树，花期适度早	9月中旬到10月初	果实硕大
大布兰尼奎特	生长需求极低，花耐寒，适合严厉条件，夏季梨	7月底	纹理粗，芳香甜蜜，甜食梨，也很适合烹饪
布索克秋	生长需求低，耐寒，适合高海拔处，花和树非常耐霜冻，做墙树，秋季梨	9月中旬	味酸，只能储存有限的时间
红皮切	最适宜深而潮湿的土壤，不耐霜，秋季梨	10月	多汁甜蜜，宜做果子酒和果干
萨尔茨堡	适合通风的好土壤，在不利条件下，易感染斑点病，夏季梨	8月底	非常芳香，甜食梨

续表

品种	场所和特点	成熟期	水果特性
斯派克	适合干燥土壤，花期早，不耐霜	10月到12月	做果子酒特好，也很适合做果干
苏比拉	生长需求低，在高海拔处和严厉气候下长得旺盛	9月	做杜松子酒特好
巴梨	不需太多阳光，果实易被风吹落，在高海拔处和半遮阴处仍有好收成，做墙树，夏末梨	8月底	味道特别好，非常芳香

推荐的古老布拉斯李树及梅树品种

品种名	场所和特点	成熟期	水果特性
比勒早李	生长需求低，相当耐霜，抗病虫害，成熟早	8月	多汁，不太芳香
绿战李	生长需求低，在贫瘠土壤上，树和花不耐霜，隐蔽区域仍能生长	9月	多汁，甜蜜水果，不能自授粉，宜做水果糖浆和蜜饯
欧洲李亚种	适合潮湿温暖地区的好土壤，（如果天气太干燥，产量和果实会小，不耐霜，可是做防风林树很好，自授粉	9月底到10月中旬	非常甜蜜芳香，可用多种方法加工
克尔克斯李	生长需求低，耐寒冷，非常适合严厉条件和高海拔处	9月	果实大，甜蜜，多汁，甜食李，不能自授粉
沙皇李	喜爱好的潮湿土壤，高海拔处——恰好在海拔1400米处成熟；耐寒，不太耐霜	8月	多汁，微微芳香
旺杰海姆早熟梅	生长需求低，适合高海拔处，耐霜，严厉条件下能完全成熟，自授粉	8月中下旬（低海拔处），9月中旬（高海拔处）	多汁

野生酸樱桃树品种

品种名	场所和特点	成熟期	水果特性
德尼森黄软核樱桃	生长需求相对低，其颜色意味着它很少成为樱桃水果蝇或鸟类的目标	7月底	结实，令人舒适的芳香，有清果汁的黄金水果
贵妃樱桃	喜爱深层好土壤，要避风，耐寒，花期适度早而长	7月中旬	芳香，鲜红，果肉浅色
硬肉樱桃	喜爱通风良好、肥沃和多沙的土壤，不太耐霜，在多风条件下和高海拔处产量高	7月中旬	非常甜，红棕色水果
海德夫锦樱桃	适应性强，稍微耐霜	7月	多汁，深褐色-红色水果
卡西尼早樱桃	稍微耐霜冻，花期早	6月到7月	微甜，红褐色水果，很适合榨汁
毛雷罗樱桃	适应性强，生长需求低，只需少量阳光，在潮湿和半遮阴处生长旺盛（朝北的山坡和多风区域），树耐霜，授粉好，花期很迟	8月开始	酸性，红褐色水果，非常适合生产果汁、酒、水果糖浆和蜜饯
施耐德软肉晚樱桃	土壤需求低，不耐霜，花期迟	7月底到8月初	味淡，微红色水果

杏树和桃树品种

我特地推荐不嫁接的本地品种，例如，不嫁接的葡萄园桃，因为它很少害苗叶卷缩病（桃树种植者感到害怕的一种疾病）。

品种名	场所和特点	成熟期	水果特性
匈牙利名杏	生长需求低，长在贫瘠土壤上，稍微耐寒，易受春寒伤害，花期早，自授粉	7月底到8月	生产水果糖浆和蜜饯特别好
真核山桃	生长需求低，生命长，适应自然环境	9月中旬	甜味如水果糖浆

汪杰海姆早熟李

繁殖和嫁接

栽培的果树通常不是用种子繁殖的，因为你想要的品种特性不能通过种子真实地遗传。这种特性被人鼓吹到如此程度，即许多水果变种现在只能由不同的品种来授粉了。这意味着每一朵花，进而每一个果实，因此能生产不同的种子，而后就有了不同的特性。所以，如果你想保留某个品种的特性，你必须无性繁殖它。嫁接基本上是无性繁殖。嫩枝，或叫“接穗”，不是直接生根，而是接入到一个根茎上。嫁接法得到发展，因为一棵美丽而果实芳香的果树没有必要生长得很高大。一棵嫁接的果树至少由两棵不同的植物组成，它们有相互补足的特点。这使得把根茎积极生长的特性与要培育的果树的品质结合起来，创造一棵健康地生长，而且生产好水果的果树是有可能的。

根茎

为了嫁接成功，嫁接双方合作伙伴必须“相处”好。这就是说只有某些植物可以用来作根茎。这些植物大多数是同一物种的成员，虽然有时候相关的物种也可以使用。正如前面提到的，根茎一般决定嫁接植物的生长特征。它也对嫁接植物的特性有影响，例如，植物对疾病或霜的抵抗力。也就是说，果树的每一个品种都有大量可供选择的，不同标准相配的根茎。当今，大多数果树使用矮小的根茎。因为它们保持果树矮小并且早结果。这方面的一个例子，是用榅桲树作为根茎，嫁接过许多梨树品种的实践。因为它长得并不旺盛，这就放慢了梨树的生长。然而，就我的嫁接法而论，我喜爱的根茎是从种子长成的旺盛的幼苗或野生树。品种矮小生长不旺盛的根茎，没有发展强壮的根系。强壮的根系是一棵独立的树要具备的最重要的条件之一。软弱的根意味着果树要经常拴在桩上，以便它们不被大风或雪压倒。它们也不能供给自己营养，这意味着它们不得不依赖好土壤或甚至化肥。它们不耐旱，而且更容易遭受病虫害和霜冻。按照我的要求，我需要耐寒而能独立的果树，它们能在贫瘠土壤上茂盛地生长。这些要求最好由生长旺盛而又耐寒的根茎树苗来完成。它们的茁壮生长意味着，几年以后就会结果而且也会长得更高，这造成收获水果更困

原来的云杉林地上，樱桃树鲜花盛开。

难，可是我欣然接受这一切。一方面，矮小的根茎在农场上不会长得那么好。另一方面，这些根茎的特征和对它们可能做的栽培，省却我大量的工作。如果我考虑到我省却的工作量，是根据嫁接到生长旺盛的根茎上所需的养护来说的，可以展望收获它们需要更大的工作量。使用生长旺盛的根茎要讲的另一个事实是，它们活得更长。所以我能种植一片果树林，它会继续为下一代提供食物。

接穗

你应该用茁壮的多年生嫩枝做接穗。水嫩枝是不合适的。嫩枝的中间部分用作嫁接，上面应该有3到5个芽。接穗应该在冬季蛰伏月份切割（1月份最好），并且储存到春季嫁接时。最好把它们储存在地下室的湿沙中。接穗也可以切割后新鲜地用来做嫁接。如果你这样做，最好使用嫩枝刚好切下时。如果我在某处找到一棵想从上面取一个接穗的好树，我就把它带回家丰富我的果园，我得用湿布包裹，防止接穗干死。如果接穗在春季或夏季切割，就把叶子去除，并且每个叶柄留1厘米长。

嫁接

嫁接的目的是把根茎和接穗捆绑起来，以便它们长在一起。根茎和接穗的形成层之间有必要取得良好的接触。形成层就是树皮和木质之间的细胞层，它通过细胞分裂，负责生长。只有当这些形成层很好地结合时，嫁接才会成功。有许多不同的嫁接技巧，这些技巧可以在不同时间用于树苗的不同部位。用一点小技巧和实践，你可以学会并且很容易地来应用这些技术。熟练的工艺特别重要。所有切口必须干净，而且你不得碰触它们，因为这会感染伤口的表面。你需要一把很快的“切枝刀”做切割，此刀只能用于切割接穗。

* 斜削舌形嫁接法

用这种嫁接方法，根茎和接穗必须是同样粗细。我的小树苗经过第一年或第二年的成长之后，我通常在春季用斜削舌形嫁接法稼接它们。我在根茎的颈部嫁接它们，这就是说，在地面之上大约10厘米处。我以某一个角度切割根茎，切口

作者演示劈接技术。

必须有3到5厘米长，以便根茎和接穗形成大面积的接触。这个工作必须一下子就做好，以便避免任何参差不齐。如果切割不成功，那必须一切重来。然后我切一个舌形口在根茎上（看图“斜削舌形嫁接法”），接穗也切成同样的角度，以便适合根茎上的那个切口。重要的是确保切口的对面有一个嫩芽。两个切口面积必须齐平地配合在一起，以便形成层能恰当地结合。现在接穗已经与根茎结合，于是嫁接处用酒椰纤维包裹起来。嫩芽必须保持无覆盖，以便它们继续能发芽。这个包裹是用来改善根茎与接穗之间的接触。为了防止嫁接干死或受感染，嫁接处和任何开口处用嫁接蜡涂上，嫩芽必须自然地不被覆盖。

*** 劈嫁接法**

当根茎比接穗粗时，使用劈嫁接法。劈嫁接法有许多不同的类型。不过，最简单的是树皮嫁接。5月间当树皮很容易剥开时，我一般使用这种嫁接法。这种方法非常简单。根茎的主干直接在理想的高度上切开，并且去掉大多数细枝。这样做时，记住留下1或2个小细枝作为保姆枝条。在供应营养和有助于防止树液在树中聚集方面，它们是重要的。然后切口的表面用一把专用的刀，称为修剪刀，弄整洁，因为干净的切口愈合得更快。现在在根茎上做狭长的切口，不要伤害形成层，并且把树皮剥开，切口应该约有4厘米长。接穗一如既往切成一个角度。这个切口应该有4厘米长，其次，切口的对面应该有一个嫩芽。为帮助提高嫁接的成功率，我还稍微地把切口周围边沿弄平滑（粗略地1毫米）。做这件事的时候，一定只能弄滑树皮，而不弄滑形成层。这个技巧揭开更多的形成层，这又转过来使得接穗和根茎更容易长在一起。现在我把接穗推入树皮底下的裂口中。接穗切口与嫩芽高低应该在嫁接处的中间左右。最后，嫁接处用酒椰纤维包裹，而且所有切口涂上嫁接蜡。再一次提醒，嫩芽不应该被覆盖。按照根茎的粗细，附加的接穗可以嫁接上。如果根茎的直径大约有4厘米或多，第二枝接穗肯定要用上。如果嫁接成功了，保姆枝条第二年就去除。

* 芽嫁接法

另一种嫁接法叫作芽嫁接法。在这种情况下，只有一个嫩芽而不是整个接穗与根茎结合。在根茎的树皮平滑面上，做一个“T”字形切口。下一步，树皮沿着垂直切口轻轻地向两边剥开。然后一个生长良好的嫩芽，从一个接穗上从底部开始垂直切下，从底部向芽尖的方向成一盾形。一定要做到切口中不包含任何木质。现在把嫩芽插入到切口里，用刀背把它推进去。交搭在芽上头的树皮，与“T”字形切口的顶端，应该修剪齐平。最后，嫁接处用酒椰纤维包裹，并且涂上嫁接蜡。嫩芽应该保持无覆盖。

你可以使用一个已经在生长的嫩芽，也可以用一个休眠芽。一个充满活力的嫩芽应该在春季（5月）萌芽，接着它会在年内发芽。至于休眠芽，你应该让它在夏季（7月或8月）发芽。休眠芽在下一年发芽，因此有其名。当嫁接充满活力的嫩芽时，你应该用新鲜接穗。嫩枝上的叶子要切掉，留下短叶柄。如果大约3周以后叶柄脱落，你就知道嫁接已经成功。一旦嫩芽和根茎已经恰当地结合，而且已经发芽，刚好在嫁接处上头，我切去根茎，并且用嫁接蜡涂切口。当进行芽嫁接时，最好使用超过一个以上的芽。这增加成功的机会，因为不一定每一个芽都会发芽。

斜削舌形嫁接法

接穗和根茎切成一个角度，各自有一切口成舌形。它们必须完美地结合在一起，确保形成层之间接触良好

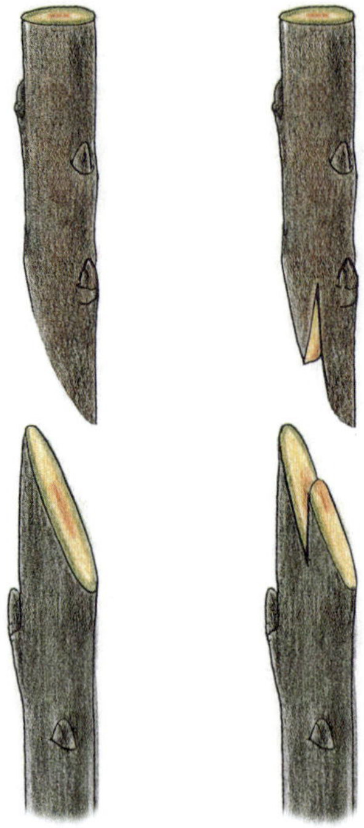

嫁接处用酒椰纤维捆扎，涂上嫁接蜡，芽不能被遮盖

劈嫁接法

根茎上做垂直切口，树皮要小心地剥开，以便接穗能插入，嫁接处用酒椰纤维捆扎，涂上嫁接蜡，芽不能被遮盖

芽嫁接法

在根茎上做“T”字形切口

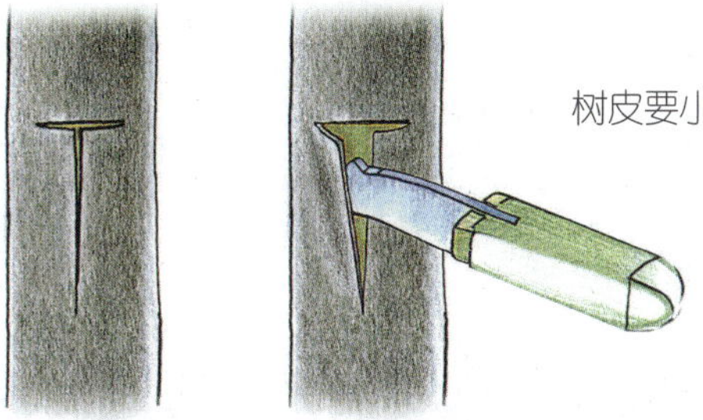

树皮要小心剥开

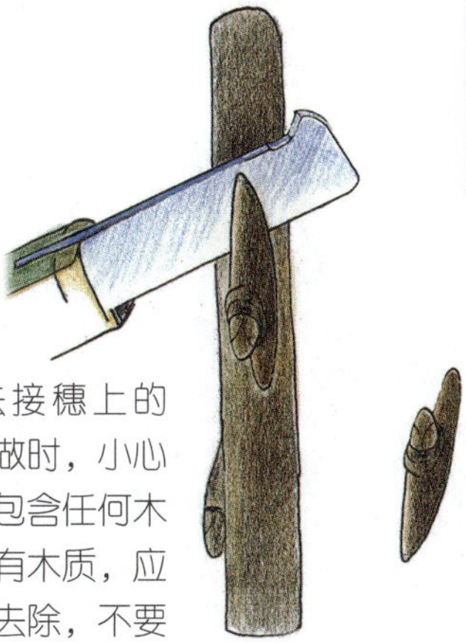

垂直切去接穗上的芽，这样做时，小心切口不要包含任何木质，如果有木质，应该小心地去除，不要伤害形成层

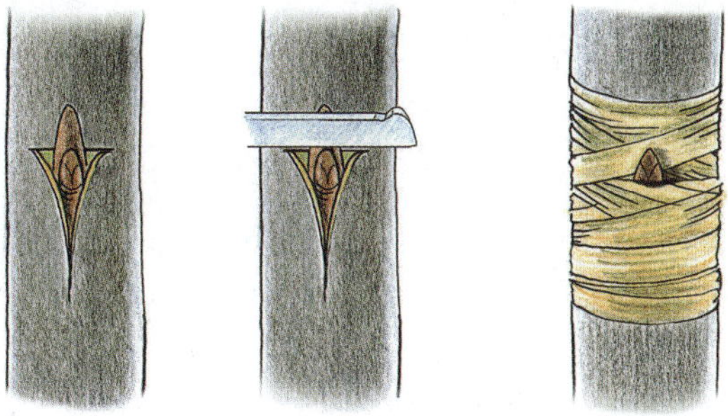

芽已推入切口，粘在芽上方的树皮应该修剪得与“T”字形切口齐平

嫁接处用酒椰纤维捆扎，涂上嫁接蜡，同时保持芽不被遮盖

桥嫁接法

拯救一棵受伤害的树，首先要修理受伤害区域，使它平滑，接穗切得符合尺寸，末端成一角度（如劈嫁接法）

接着接穗被插入切口，它们应该匀净地安置在受伤树干的周围，以便稳固

接着嫁接处用酒椰纤维捆扎，涂上嫁接蜡，芽总是不能遮盖

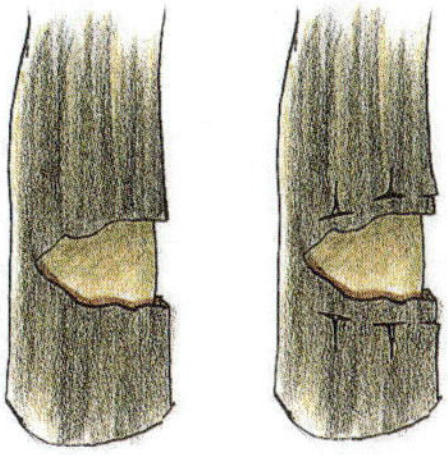

“T”字形切口要做在受伤区域的上面和下面，树皮轻微地剥开

在果树林里，人人欢歌笑语。

*** 桥嫁接法**

在嫁接法的帮助下，我不但能繁殖果树，而且我还能拯救受伤害的果树。如果一棵果树受了严重伤害，树液的流动受到阻碍或毁坏，树开始干枯死亡。如果它幸存，或迟或早，树干会支撑不住，因为受伤害的区域开始腐烂，树已经不稳定了。然而，救活处于这种情况下的一棵树相对地容易。我只要用接穗（最好从同一棵树取来）把树的伤口的上下部分结合起来，以便它们对树干能及时起到承担运输和支持的功能，换句话说，受伤部分通过旁道接通。我开始清洁伤口，并且修剪所有被磨损的部分。于是我在伤口的上下部分树皮底下嫁接接穗。你永远都应该用至少3个接穗。

这个方法能帮助严重受伤的树。用这个方法处理的树得到更好的保护，将来免受像啃食之类伤害。因为它们不再是容易接近的了。如果树受到伤害的话，它们也有资源来修复自己。

说到嫁接，幻想无限。完全可能嫁接许多品种到同一棵树上。当我只有种一棵树的空间时，这是极大的好处。正如我已经提到过的，许多果树，特别是苹果与梨树，不能自身授粉，所以它们必须有授粉的品种。通过嫁接授粉品种到一个树枝上，我能解决这个难题。在一个小花园里有多个品种嫁接到同一棵树上，有助于把果树歉收的风险减到最小。不同的成熟期和不同的果树品种，使得不但有更多不同的收获，而且创造了独特的集合体。这增添了从同一棵果树上获得的幸福。我相信任何有趣的东西应该被允许种在花园里。试验有无限的可能性。所有你需要的是一点想象力。

播种果树林

我种的果树用树苗作根茎非常简单。在种植一片茂盛的果树林或果园方面，是既经济又无风险的方法。现在我将更详细地描述这个方法。

果树一般喜爱高质量的土壤。作为开始，我用改良土壤的作物来准备土地，以便我的果树会生长茂盛。绿肥在创造腐殖质方面的作用，在“土壤肥力”一节中讲过。绿肥创造腐殖质所需要的时间，取决于土壤的性质。在克拉米特霍夫农场，大多数是酸性土壤，那里曾经是云杉树林，要花大约两年的时间改良土壤到这样的程度，即我能在那里种植果树和其他生长需求高的作物，又不需要额外的辅助。施绿肥不是一次性措施：在耕作中它必须起到连续的作用，因为肥沃而健康的土壤是成功的关键。一旦我准备好土壤，就为播种疏松土地。我在那里放养我可靠的工人们，就是猪。它们拱翻土，为我疏松土地。这样做是为在这个区域种果树做准备，接着我可以开始种果树了。我有最好又最经济的种子来源，就是榨果汁或果子酒留下的果渣。当蒸馏荷兰杜松子酒时，如果渣料受热以后种子能够分离的话，未发酵的果汁中留下的渣料也会起好作用。我留下这种果渣来发酵，大约4至5个星期，然后把它撒在地里。在发酵过程中，自然地，阻碍发芽的皮层分解了。这种皮层极大地增加了种子成功发芽的机会。当果树从一开始就在想要的场所生长时，它们能最好地适应土壤和气候条件。植物多样性减少了被鹿啃食的次数。用栅栏把果树地围起来是个妙计，因为这意味着果树地也可以用作围场。只要小树已经长了1至2年，它们可以嫁接了。我只选择最好的小树做嫁接，所以我在那个场所有了最理想的果树。长得挤在一起的小树可以移植。这个方法不但简单而且经济，特别适合“条件不利的地区”。因为我的小树从树苗时候起，就有时间调节自己适应本地条件。这个方法也应该鼓励你做试验，因为它并不费力，而且实际上无风险。使用这种技术，很简单地把一个云杉林变成果树林。我并不嫁接这块地上的所有树苗，因为它们也能生产有趣的水果。从樱桃树

花楸（*Sorbus aucuparia*）不但是美丽的树，而且其果实为酿造荷兰杜松子酒被人们高度追求。

苗那里，我时常得到非常甜蜜的果子，是做荷兰杜松子酒的理想材料。正如我已经提到，各种各类的大量野生水果很有市场，因此它们不应该被忽视。我也喜欢以果树篱的方式种植野生果树。果树篱用作防风林，保护不耐风霜的栽培的果树。以这样的方法，树篱完成了许多不同的功能。树篱为大量有益的动物和昆虫提供了乐园，是显而易见的。

休克法

小时候，我上学的路遥远而令人疲劳。即使我走得很快，也要花大约两小时。这是一条简单的牛马车路，穿过树林，经过田野。在那里，我会发现说不完的趣事。一个树根或者一个美丽的卵石，时而一棵小树，我都会带回家，把它栽在小园子里。6月底之前不久，学校放假了。在我回家的路上，我在一堆石头上发现了几棵小野苹果树。我忍不住就把它们带回家。虽然它们足有两米高，但是我不用挖，因为它们的根在石头上无法抓紧。所以我轻易地就把它们拔起来。我把它们带回家，满心欢喜，想在我栽种它们之前让我母亲看看。然而没有得到我所希望的赞扬，相反她斥责我说，拔美丽的小树是一种耻辱。因为完全长满了叶子的小树，在一年中的这个时候还不会长根。尽管如此，我把小树拿到小园子里，尽我所能地给它们掘土栽下，习惯地用树叶遮盖土壤。我不能给它们浇水，因为园子离最近的水源地太远了。我不抱任何小树会成长的希望。母亲向我解释说，我种树的时间已经太晚了，而且它们都已经长满叶子。为这个缘故，我有了一个天真的想法，即去掉所有的树叶。因为树叶似乎在阻止小树长根。于是它们就光秃秃地耸立在我的园子里。我每天都去看它们，希望我能看到某种生命迹象。几周过去了，直到突然间，完全出乎意外，其中一棵小树长出了新芽。一旦我发觉母亲没有制止我的意思，我就拉着母亲的围裙，带她去看我的园子。她不会相信我的话，所以我得带她去，让她眼见为实。她甚至也惊呆了，并且问我：“你做了什么使树长起来？好幸运啊！”

后来这个经验鼓舞我发展了我的“休克法”。它是一种急救技术，让长根不好的树苗没有根球地重新种植，即使它们已经长满叶子，在开花，或结了果。我开始把小树摆在阳光下，以便让树叶干枯。当然树根应该被遮盖起来，因为它们不能承受阳光。我用一个潮湿的黄麻口袋盖住树根。为了确保树叶很快干枯，小树苗不能浇水。潮湿的口袋会保证树根不会干枯，可是它们不会提供足够的水给树叶。大约一天之后，树叶干枯了，小树可以重新种植了。种植之前我没有浸泡土壤，之后也没有给树浇水。它们得到的唯一保护，是一层覆盖物保持土壤潮湿。我永远不会浇完克拉米特霍夫农场所有的果树，因为那要花费太多的时间和精力。用我的方法种植的果树很快发出了新的纤维状的根，它们供应果树营养及水。小树能熬过起初消瘦的时期，因为它们不再有任何树叶或果实要支持。相反如果我种植一棵满是叶子和果实的树，并且不给它浇水，那么这棵树的所有能量

使用“休克法”种在垄之间的果树

将用来维持树叶。树根不会得到足够的重视，即使不是完全失败，树也会长得很差。这棵树可与一朵剪下的花相比：给它浇了大量的水，然而它几乎不能维持自己。用我的“休克法”处理过的小树，集中力量在长根上，而不在长芽上，直到它们有能量长芽为止。果树要培育成能独立生存。

多年来我用这个方法栽培了几千棵果树。我从苗圃里以非常低廉的价格买到了残留的树苗，它们经常是刚砍过或烧过，于是我用我的“休克法”种植它们。拿我的经验来说，用这种方法种植的果树在垄之间生长得最好。垄之间聚集了大量的湿气，树苗很快就恢复了活力。

两三年以后，果树成长得如此好，以至我能围着根球挖起它们，并且重新种植或销售它们。这样做，我的童年经验已经提供我一个生财之道。

加工与营销

果园的多样化提供了大范围的加工与营销机会。甜食和烹饪水果收获以后，储存在水果地窖或土坑地窖里。做果汁、果子酒和醋的水果，以及做荷兰杜松子酒或果干的水果，加以分类和加工。如果有市场需求，水果也可以做成蜜饯或水果糖浆。坚果还可以榨油。由于嫁接果树和加工水果花费大量的精力，事先应该仔细审视市场情况。重要的是查明，是否有产品的足够大的市场，以及你是否会为你的付出得到合理的价格。

事业的成功也取决于营销的干劲。像克拉米特霍夫这样的大农场，在那里，我们种植了大约14000棵不同品种的果树，覆盖了45公顷的地面。收获我们种植的所有水果并且加工它们是不可能的。这不仅是因为需要的工作会太广泛，而且因为有难于到达的区域，这造成收获非常困难。依我们的情况，这些种在陡峭山坡上的果树的最佳用途是作为猪的食物源。果树像桤木或云杉树一样生长——唯一的不同是果树每年开出美丽的花朵，而且在秋季出产水果。与其他任何树相比，它们需要照料的时间不多也不少。每年果树喂养我的牲畜很长一段时间，不需要我做任何工作。它们的灵活性是我努力种植果树的另一个原因。

从商业水果种植转变到朴门农艺系统，的确十分困难。通常商业果园嫁接矮小的根茎，并且拴在墙树上。这些矮小的根茎不生长基础根，因为它们不再需要基础根支持。在一棵无须用桩支持的幼苗根茎上自然生长的果树，自然地会生长出强壮的基础根。它支持自己抵抗大风，并且发展成一棵独立的树，不需要进一步的维护。在作商业水果种植的墙树果园里，利用猪是个好办法。这意味着你能留下所有的果树耸立着。它们不应该施化肥或喷农药，所产水果应该用作猪的自然食物源。对牛和马这样的大牲畜，这是不可取的，因为许多铁丝和狭窄小道会出现太多的危险。然而，如果去掉铁丝和桩子，果园就会留下可悲的景象。在这种情况下，你得决定你是否想制造低质量产品，其大部分是无利可图的。由于“有瘾的”果树，要转变到朴门农艺系统不但是困难的，而且解放你的商业水果种植的思维模式，也需要你彻底改变你的思想方法。

当我在南太罗尔就如何转变一个农场，使之应用朴门农艺技术的问题作指导时，一位年迈的农夫告诉我，他被供销社的人问及，是否能在固定的一段时间内收获他的苹果。当我回答说那时苹果还是绿的，他解释说苹果必须是绿的。不然，它们就会被当作廉价榨汁苹果处理。这位老农夫对价格不满意，他说他刚刚

水果极大地丰富了人类和动物的饮食

收到去年的发票，还得把钱退回去，因为储存成本比收益还高。我感到惊讶就问他，为什么仍然在收获苹果并且交给他们。“呃，是啊，”他说，“不过也许今年会好些。”我告诉他，如果我是他的话，我就会另打主意。“不，我们这里不能那样做，我们有合同，而且我们就是不能离开合同。还有，别人会怎样说呢？”既然他承认他在亏本，而留给他的一切，就是干活以及支付化肥和农药的费用。他说：“呃，你有什么办法呢，种田就是这样。对此我没有任何办法，你应该向我儿子做解释。”

我们需要创造力和勇气开创新的道路。成为一个成功的农夫有许多方法。集约农业的高产量，正像例子所显示，不再是利润的保证——恰好相反。大量的工作和所需的财政支持经常消耗了利润。农夫自己解除供销社的枷锁，并且开拓自己到达独立的道路，还需多长时间呢?

4 Cultivating Mushrooms 蘑菇栽培

与牲畜养殖和作物种植一起，在克拉米特霍夫农场，蘑菇栽培也是我们生产的一个重要部分。一段时间之前，我开始研究蘑菇。在20世纪80年代，蘑菇是我的最重要的收入来源之一。在隆高和邻近的地区，我出售小蘑菇、平菇、香菇、球盖菇和其他许多品种，获得巨大成功。然而，1986年的切尔诺贝利核灾难突然改变了局面，尽管我们的蘑菇明显地没有受到污染，一夜之间却无法卖了。这个经济上的沉重打击使我许多天夜不能眠。不过事后的确明白这对极端专业化的经营会产生什么后果。世间总是有意料不到的事，有出乎意外的结果。对此只有极少数具有足够的灵活性和多面性的人能够应对。另一方面，专业化只是造成了风险和依赖性。

概况

真菌不是植物，相反，它们属于一个分离的物界。它们在土壤里是最重要的分解者（腐生营养）之一。它们转化积累起来的生物量，成为植物能吸收的营养物。没有它们，自然的循环就不能起作用。任何人想了解真菌生存和起作用的方式，必须首先了解它们的结构。广泛的看法是，真菌仅是由地面上看得见的部分组成。换句话说，菌帽和菌杆。实际上，蘑菇就是真菌的果肉体，并且可以把它比作苹果树上的一个苹果。真菌是由大得多的而且大部分隐藏着的菌丝组成，它呈线条形。如果你拿真菌和一棵苹果树作对比，菌丝相当于树干、树枝和根。真菌不像植物，它们不能为自己从无机物质（矿物营养盐）中产生有机物质。它们不含叶绿素，因此不能光合作用。这就是说，像动物一样，真菌需要来自有机物质（基质）的营养，这种营养被菌丝吸收。许多真菌也发展菌根，而且与植物形成共生体。真菌的菌丝寄生在植物根系的末端，吸收了部分植物的营养，并且帮助植物吸收水及矿物营养物。通过真菌的分解活动，氮和磷酸盐也更容易接近植物。真菌也从共生体受益，因为植物用光合作用（主要是碳水化合物）的产品来供应它们。

由于许多植物固有的优点，即它们形成共生体。如果一棵植物没有通路接近它的特定的共生伙伴，它会长得矮小柔弱。常见的贫瘠土壤或不利的气候条件是责怪的对象，然而只要从植物生长的自然环境中取一点土壤结合上，通常就够了。先前矮小的植物现在会茂盛成长，因为它有通路接近它的共生伙伴——真菌。在栽培蘑菇方面，这些基本概念需要了解。大多数栽培的蘑菇需要基质，或是木头、堆肥，或是稻草。

生存在共生现象中的蘑菇，如牛肝菌（*Boletus edulis*）或鸡油菌（*Cantharellus cibarius*），需要它们的共生伙伴，其形式如森林中的树，外加作为基质的森林地面。

如果你了解蘑菇需要什么以及满足这些需要的最佳方法，你会在栽培蘑菇方面很快取得成功。栽培蘑菇不需要大量的空间。仅在2平方米的阳台上，能种出足够的蘑菇供你自己消费是可能的。对于农夫来说，以最小的成本和劳动，栽培蘑菇同样可以成为财源。可是，在大规模栽培蘑菇之前，重要的是积累经验和在不同的基质上栽培不同种类的蘑菇。花费一段时间做试验以后，你就能使用自己的经验，且获利丰厚。

有益于健康

蘑菇早已被人们认识，不但是一种健康的食品，而且也是一种药。这就是为什么本土的蘑菇，如蜜环菌（*Armillaria mellea*），已经被用作轻泻剂好多世纪了。巨马勃菌（*Calvatia gigantea*）和苦白蹄菌（*Laricifomes officinalis*）也被用来止血。可是，这种传统知识大多数已失传。

由于亚洲医学及其自然治疗法变得如此普及，蘑菇再一次被看作是一种药。最有趣的东亚药用蘑菇之一是香菇（*Lentinula edodes*）。由于这种蘑菇的绝佳香味，它不仅是非常有名的精美食品，而且它的愈合作用也是惊人的。其降低胆固醇的能力已经在医学研究中得到证实；它对感冒也有效，而且增强了免疫系统。此外，在科学上已证实，香菇在治疗癌症方面有实际的效果。虽然这种药用蘑菇最有趣的事是：它几乎可以在任何地方栽培，并且不费吹灰之力。在克拉米特霍夫农场海拔高达1 500米处，香菇生长在埃及榕树木头上。

还有许多其他药用蘑菇，在克拉米特霍夫农场，它们很容易栽培。例如，可以用来治疗恶心、晕船或降低血压的黑木耳（*Auricularia auricular-judae*），或用来治疗失眠和增强免疫系统的灵芝菌（*Ganoderma lucidum*）。

蘑菇也是健康食品。众所周知，它们的高纤维含量帮助消化。它们热量低并且富含维生素及矿物质，这意味着它们可以时常用于饮食。蘑菇最好新鲜吃，然而当它们被晒干时，其大多数香味和营养得以保留。它们也可以制成很好的茶。蘑菇茶对预防和治疗疾病与解毒非常好。

栽培蘑菇的基本知识

大多数蘑菇需要木头、草和堆肥作为基质。生长在木头和草上的蘑菇是最容易栽培的，因为木头和草已经是完全的基质。 相反，堆肥蘑菇，如小蘑菇和田间野生蘑菇（*Agaricus* spp.）或鸡腿菇（*Coprinus comatus*）的栽培困难得多，因为它们需要特定的草及粪肥（一般是马粪）合成的堆肥混合物。生产基质需要专业知识，而且作小规模使用很费力气。这就是为什么我限制自己栽培只能在木头和草上生长的蘑菇。不知为何，大多数特别有味道又有益于健康的蘑菇都属于这

树与菌子之间的共生现象

用白桦牛肝菌（*Leccinum scabrum*）作例子

一族群。能成功地栽培这些蘑菇，你将不需要任何专业知识。

只有未受污染的原材料才能用来栽培烹饪和药用蘑菇。蘑菇能吸收有害的物质，并且保留它们。因此，当使用草和堆肥作基质时，你应该特别小心。如果草或粪肥是用传统方法生产的，依我看，就不适合栽培有机蘑菇。甚至木头也会含有有害物质。繁华大道，公路或工业区附近的树木，通常含有大量重金属。这些有害物质积累在树皮里，并且使木头不适合栽培蘑菇。

在木头上种蘑菇

事实上，生长在木头上的大多数蘑菇，几乎确切地是用同样的方法栽培的。这使得栽培蘑菇容易多了。任何差别通常仅限于轻微的偏爱上，如木头的大小、木头的种类、温度和湿度。如有可能，栽培蘑菇应该开始于春季，因为这给菌丝足够的时间寄生到木头上，而且保持安全，免受霜冻伤害。菌丝在低温下仍然能生长，然而快速的寄生最容易发生在20℃左右。在夏季，如果真菌有机会深深地长入木头中，那么低温和霜冻就不能伤害它了。然而，生产菌体，有着不同的温度偏爱。譬如，香菇喜爱的温度大约在10～25℃。另一方面，朴菇（*Flammulina velutipes*）生产菌体在晚秋的低温下。这就是为什么栽培不同种类的蘑菇总是很重要。以便你会在持续很长一段时间内都有收成。许多不同种类的蘑菇适合栽培在木头上。某些最普通的蘑菇，列名单如下：

适合种在木头上的蘑菇

所有列名如下的蘑菇都栽培在克拉米特霍夫农场的硬木头上。所列的平菇（*Pleurotus* sp.）品种也可以栽培在草上。菌体的生产大多数发生在这些品种上，温度至少在10℃，只有朴菇菌体的生产温度从2℃开始。另一方面，黑杨菇的菌体生产温度从15℃开始。所有平菇品种特别是杏鲍菇，当湿气高时生长得最好。

*** 香菇**

香菇（*Lentinula edodes*）是烹饪和药用蘑菇中最有趣的蘑菇之一，它有着精美的味道和许多已证实的愈合性能（cf.Health Benefits'）。它也可以栽培在狭窄的木头或枝条上。香菇可以生吃，或者用来做茶。

*** 平菇**

平菇（*Pleurotus ostreatus*）是优质烹饪蘑菇，非常容易栽培。虽然它们对栽培用的木头种类并不挑剔，可是它们在海滨李树、枫树和榆树上生长得特别好。

*** 杏鲍菇**

杏鲍菇（*Pleurotus eryngii*）由于精美的味道，受大众喜爱。它们粗壮多肉的菌杆有多种用途。它们可以像平菇一样栽培。

*** 金平菇**

金平菇（*Pleurotus citrinopilatus*）成大型黄色簇生长，依此式样可以辨认它们。是绝佳的烹饪用蘑菇。它们也可以类似于其他平菇的方式栽培。

*** 毛柄库恩菇**

这些小蘑菇（*Kuehneromyces mutabilis*）以簇生长，它们有非常强烈的味道，这意味着它们主要用来做烹饪蘑菇，放入酱油和汤里。 以栽培而论，毛柄库恩菇需求特别低。

*** 滑子菇**

滑子菇（*Pholiota nameko*）是精美的烹饪蘑菇，也以日本毛柄库恩菇知名，它的栽培要求类似于毛柄库恩菇。

*** 朴菇**

朴菇（*Flammulina velutipes*）也以冬蘑菇而知名，因为它在秋季和冬季长成菌体。它被用作烹饪蘑菇，做酱油和汤的调料。

*** 黑杨菇**

像毛柄库恩菇一样，黑杨菇（*Agrocybe aegerita*）非常芳香，主要用于做菜调料。黑杨菇要求相当高的温度。它喜爱松软木头（杨树和柳树）。

* **黑木耳**

黑木耳（*Auricularia auricular-judae*）广泛用于亚洲烹饪，它也是广泛使用的药用菌。它喜爱被栽培在老树上，可是在其他种类木头上同样生长良好。

基质

做木头上的栽培，我通常用整根木头做基质。也可以使用锯木灰和其他植物材料的基质混合物。虽然使用混合基质有点麻烦，也有点更冒险。由于这个缘故，在自然的木头上做种植业，对于新手来说要好得多。此外，木头以它的自然形态使用，这就省得加工它，而且加工工作量很大。比起其他基质，木头有额外的优势，它们所占空间少得多。它们还改善了任何花园的外观。重要的是，只有硬木头才用于上面提到的蘑菇品种。虽然依我的经验，所有硬木头中，核果树木头最不适合栽培蘑菇。蘑菇的生长期限和产量大为不同，取决于用的是硬木头（山毛榉、栎树等），还是软木头（杨树、柳树、桤木、白桦等）。蘑菇寄生到软木头上快得多，这带来了更早的收成。然而，软木头也会更快地分解，所以收获物的生命期相当短。在软木头上的栽培物连续生长，并且有收益从6到12个月。硬木头上的栽培通常要求这个时间的两倍，可是收获期实际上长得多。自然地，收获物的生命期和大小，取决于木头的大小和生长期的长度。譬如，在海拔1500米的高处，我有生长在硬木头上的蘑菇，已经收获十多年了。通常，在良好的条件下，你可以期盼一个总收成，重量达木头重量的20%到30%。这是非常有利可图的，因为从经济上讲，像柴火一样的低质量木头可以用来栽培蘑菇。从长远看，总的来说，硬木头比软木头收成更高。

用这个方法栽培蘑菇时，成功的最重要因素之一是使用新鲜而又健康的木头。它绝不应该是先前其他真菌寄生过的。其他真菌会取代栽培的蘑菇，并且毁了作物。这就是为什么只要有可能，我尽量使用新砍的木头。在接种菌丝之前，先从木头的两端切掉一段木头，这是可取的。这会减少被其他真菌寄生的危险。已经储存半年多的木头或许不再适合。树桩是个例外：一旦它们停止发芽，就应该接种了。这些树桩仍然可能拒绝菌丝。木头上没有任何黑点和腐烂的地方，你可以认为是健康的木头。切面必须是颜色浅淡而结实。木头必须含有足够的湿度，让菌丝正常地长进木头去。新砍的木头具有最佳水平的湿度；如果你使用老木头，你得把它们浸泡一段时间，以便达到所需要的湿度。

由于硬木头实际上可以用于任何方式，你可以尝试的栽培物的种类几乎没有限制。这就是说，譬如，用来做短期坡形支撑物的木头，也可以同时用来栽培蘑菇。花园里的树桩在蘑菇的帮助下很容易分解。蘑菇会使花园看起来更令人愉快，又有好收成。由于处理较短的木头容易得多，我一般用长度从半米到一米，直径至少有20厘米的木头来栽培蘑菇。这些木头也少花寄生的时间，因此就有了较早的收获。

蘑菇菌丝

为了接种木头，换句话说，引进真菌到木头上，你将需要健康的蘑菇菌丝。蘑菇菌丝也就是mycelium（菌丝），因为蘑菇通常是无性繁殖。使用孢子（有性繁殖）的接种很少，因为失败的可能性太大。虽然毛柄库恩菇（*Kuehneromyces mutabilis*）和朴菇（*Flammulina velutipes*）是例外；通过放置成熟的菌冠在潮湿的木头的两端和树桩（菌丝喜爱软木头：杨树与柳树）上，它们是容易繁殖的。如果孢子找到适合的条件，它们会发芽，真菌会寄生整筒木头。然而比起无性繁殖，这种方法的确要花更长时间。自然地，所有蘑菇都可以用孢子进行繁殖。由于它不花太多时间和钱，你应该坚定地去尝试它。 然而，如果你仅有几根木头可用，接种是安全得多的选择。蘑菇菌丝能以菌丝栓或粒状菌丝的方式销售，通常能从专业蘑菇商店购到。菌丝栓由已经接种了适合的菌丝的木头栓或木钉组成，而粒状菌丝由生长在谷粒上的菌丝组成。重要的是菌丝要健康。栽培蘑菇的菌丝是白色的。如果颜色有变化，那么这就是霉的迹象。还有，霉臭的气味意味着，菌丝被污染，或者已过期。你应该尽快地使用菌丝，因为它只能储存有限的时间。

*** 自己繁殖菌丝**

稍作实践你自己可以创造和繁殖蘑菇菌丝。当然，用菌丝做繁殖是个学习过程。所以，当你第一次做尝试时，你可能不会得到你想要的结果。大多数的失败，源于工作粗心大意及与之相联系的霉菌。菌丝栓不那么容易感染霉菌，像粒状菌丝或基质菌丝那样，这成为新手做菌丝繁殖适当的方式。如果你想做更多的菌丝栓，你需要的一切就是木头栓或木钉。它们必须浸泡与煮沸，达到所要求的湿度水平，并且排除敌对真菌的污染。然后，煮过的木头栓放进一个干净的塑料袋。一旦它们冷却了，加入几个接种过的菌丝栓或一些粒状菌丝。接着把口袋翻转过来，以便开口处在底下。这样做，适量的空气能进入口袋，而不至于污染的危险变得太大。大约一个月以后，这些栓会被充分地寄生，并且准备好接种。也有可能把煮过的木钉，包裹在一块干净的棉布里，加上一些蘑菇菌丝。于是包裹起来的木钉可以放在一个花盆里，保持它们有湿度。基质保存在土壤上，要保持土壤潮湿。同时过剩的水要排除。这能防止水聚集，而且粗略在一个月内，木钉应该充分地被寄生。

创新和维护栽培物

用蘑菇菌丝接种一根木头，你会需要钻一个洞，或者切开木头的一部分。所用的方法将取决于可能得到的菌丝种类。菌丝栓的用法就是在木头上钻一个洞，

在木头上作槽口

作好槽口的木头

被覆盖的接种区域

在接种区域，菌丝穿过木头茁壮成长

并且把栓塞进去。重要的是栓与木头之间要达到良好的接触，所以，所钻的洞应该只比栓大一点儿。当你在接种时，你应该用很多的菌丝。栓应该围绕木头分布均匀，以保证木头很快被寄生。接种以后把洞又封起来也是好的。把新鲜的树枝塞进洞里并且切去过剩部分，你就做到这一点了。现在真菌得到保护，它能很快寄生到木头上了。

另一种方法是“槽口接种法”。这就要用锯子在木头上做槽口，在一处或者在两处，取决于木头的长度。槽口的深度应该是木头直径的一半超过一点，然而，木头必须保持其结构完整，这就是为什么我用一把链锯做槽口。然后用粒状菌丝或基质菌丝填满这些槽口。下一步，我用塑料布或胶布带覆盖槽口。为防止菌丝干枯或被霉菌污染，这样做是必要的。覆盖槽口还预防真菌被动物吃掉。这是一个好主意，因为蛞蝓、蜗牛、鸟类及老鼠喜欢吃蘑菇菌丝以及谷粒。

平菇（*Pleurotus ostretus*）

在木头上种植蘑菇

果树提供阴凉
储藏：在敏感的接种期间，一层树叶和黄麻口袋提供理想的条件。然而，木头接种过菌丝之后，可以按照最后打算的位置，立刻埋入地下，但接种期可能更长
种植：然后木头要放置得相互更远些，这给菌体更多空间来生长。接种过的木头埋入地下其长度的三分之一。这让菌子从土壤中吸收额外的营养和湿气
接种期间的木头
菌丝长入土壤中

重申一下，为了蘑菇的良好成长，需要稳定的温度和湿度。我把栽培物放在阴凉多的地方。接种过的木头紧密地储存在一起。为预防它们干枯，我用树叶和黄麻袋覆盖它们。这些蘑菇菌丝的生长温度最佳为20℃左右；在较低温度下，菌丝花费更长时间寄生到木头上。然而，30℃以上的温度应该避免，因为它们会杀死菌丝。最好在春季或初夏开始栽培蘑菇，因为菌丝需要2至3个月时间费力穿行足够远才能进入木头。这段时间以后，真菌免受霜冻就安全了。寄生阶段的长短取决于温度、湿度和木头（硬木头或软木头）的大小及类型。虽然，一般来说，时间要花费6到12个月。仅仅几周以后，你可以发觉接种是否成功。如果白色的菌丝已固定在接种的地区，那么，蘑菇栽培是健康的。一看见菌丝在槽口里，就知道真菌已经寄生在木头上了。

一旦木头被寄生，我把木头的三分之一长度以生长（粗的那头应该在底下）的方向埋入地下。木头之间的间隔必须足够大，以便生长在木头外面的蘑菇能正常地收获。把木头埋入地下对栽培的成功非常重要，并且意味着它只需极少的养护。这也让真菌从土壤里获得湿气及营养物；有助于预防木头干枯，减少养护栽培物所需的工作量到最低点。几周以后，如果你从土中拔出这些木头中的一根，你会发现菌丝已经生长，进入土壤中。众所周知，菌体甚至会突然出现在木头周围。然而主要的营养源仍然来自木头本身。

如果湿度水平够高而温度又恰当，我可以马上期盼一场收获了。通常，这种栽培一年收获许多次。蘑菇一般出现在接种区域附近及木头的外边。如果蘑菇栽培是在适合的环境下，除了维护湿度水平外，它实际上不需要进一步的照料。它能留在原地，越过冬天，不需要任何特殊的养护。

提示

如果几年以后，仍然没有收成，而且菌丝没有良好生长，这意味着菌体成长的条件不理想。然而，通过浸泡“休眠的”木头几个小时，又用木槌或石头敲击，“休眠的”木头就能被激发起来。湿度和摇动刺激菌体的生长。这个方法一般有理想的效果。当我第一次开始栽培蘑菇而且有些栽培并不成功时，我发现了这个现象。等了一段时间之后，我决定处理它们。我把我认为是无用的木头抬上拖拉机，开到一块湿地处，把它们全部翻倒进岸边的浅水里，我要木头至少提供小鱼及小龙虾一个躲藏处。它们会使湿地的浅水处更加迷人。几周以后，当我回来到微型气候处时，几乎所有的木头都覆盖满了平菇。我几乎不能相信我的眼睛，于是努力为我的栽培物的“复苏”找原因。发生了什么事呢？由于缺乏湿度，木头最可能是处在休眠中。在拖拉机上一路颠簸和被倾倒进池塘，不但彻底地摇醒了木头，而且木头中的水得到饱和。此外，由于蒸发的结果，湿地周围的坑坑洼洼自然地更潮湿。所有这些因素一齐起作用，导致这个意料不到的成功。

另一个普通的难题是啃食。人类不是唯一喜欢吃蘑菇的生物；动物也喜欢。在克拉米特霍夫农场，非本土的西班牙蛞蝓（*Arion vulgaris*）特别喜欢吃蘑菇。蛞蝓和蜗牛会造成巨大的伤害。这种伤害经常在人们不知不觉中，因为从来不会留下任何被吃的蘑菇。在克拉米特霍夫农场，我们与这些害虫没有任何冲突。因为我们有猪、鸭及蟾蜍的大力帮助。这些助手减少蛞蝓和蜗牛的数量到无害的程度。如果你无法得到这样的助手，那么总得有长期使用的补救措施。其中一个措施是在栽培物的周围设下一个保护圈。用木头烧成的灰、锯木灰与熟石灰的混合物做成。任何时候都保持它干燥，以便它形成无法逾越的障碍。另一个措施是把青草割成一条线。这条线必须保持潮湿。它会吸引蛞蝓和蜗牛，它们会在这个诱人的环境中产卵。几天以后，把这条线的草翻过来，让卵留在阳光下。这个方法能极大地消灭害虫的子孙后代，因为卵最怕紫外线，它们枯死了。关于蛞蝓和蜗牛的进一步资料，可以在“花园里的助手和控制害虫”一节中找到。

在草上种蘑菇

当今，草经常是废品。在种植谷物的地区，你能随时看见它被抛弃，大堆大堆地腐烂在地里。这种“剩余”的生物量可以很好地利用。例如，草可以作为一种建筑材料建造土坯房。它还可以用来做覆盖物，而且它是蘑菇栽培理想的基质。许多公斤的蘑菇可以生长在一个小草捆上，这是轻而易举的事。蘑菇也有助于把慢慢腐烂的草在短期内变成珍贵的腐殖质。所以，许多这些所谓的“废物”是难得的资源，将来可以利用。在一个发挥功能的农业系统中，没有什么废物。一切东西都可以回到自然循环中。持续性在这里享有最高优先权。以最小的工作量，在草上栽培蘑菇，对农夫来说可以成为有利可图的额外收入。作为少量消费，蘑菇也可以栽培在任何小花园里。

适合种在草上的蘑菇

所有前面提到过的平菇（*Pleurotus* sp.）适合栽培在草上。能很好地栽培在草上的蘑菇的另一个品种是球盖菇（*Stropharia rugosoannulata*）。从远处看，这种蘑菇类似于牛肝菌。它是优良的烹饪用蘑菇，栽培起来毫无困难。它要长出菌体，要求超过10℃的温度。然而它对湿度的要求比那些平菇低得多，这能使维护球盖菇的工作量小。

基质

原则上，任何种类的草都可用于栽培蘑菇。可是有几点基质必须满足的基本要求。特别重要的是，基质要健康，并且处于良好条件。正如我前面已经提到栽培在木头上的蘑菇，栽培的蘑菇对竞争非常敏感。已经被其他真菌污染的草是不适合的，不能用于种蘑菇。不需要任何专业知识，你就能立刻认出健康的草；它应该是自然的金黄色，不应该有任何霉菌斑点或黑色区域，也不应该有霉臭味。

小型压缩过的草捆是最容易处理的，因为当它们还潮湿的时候仍然很容易运输。草来自有机农场，对我来说这是基本的。因为草可能被处理过，或被除莠剂、杀虫剂、杀真菌剂、化肥或其他化学物品，如生长控制剂污染。为此，你应该使用有机生长的草。

此外，草为真菌提供主要的营养源，它会吸收和保留任何现有的有害物质。这又成为另一个问题，即按现代农业传统生长的草不适合生产食物。最终，用无机草栽培蘑菇，成功的机会少得多。因为通常用杀真菌剂来处理，杀真菌剂是用来对抗真菌的。从逻辑上讲，这样处理的基质对蘑菇栽培来说是不理想的。无论如何，价格稍微高的有机生长的草是值得买的。

正如我已经提到过，既然这些蘑菇分解有机物质（腐生营养物），草不是唯一合用的东西。蘑菇也可以生长在芦苇，破碎的花园废物或其他许多基质上。然而，这些可选择的基质不那么容易处理，而且为了成功的收获，不时地做点小试验，以便获得恰当的基质构成。

草捆上种植蘑菇的循环——永续农业的例子

蘑菇菌丝

草上栽培也可以用基质菌丝，或者用木栓菌丝来接种。你选择哪种最终只是个人喜爱的事。菌丝质量的要求同那些栽培在木头上的蘑菇的要求一样。菌丝繁殖也以同样方式进行。可是，另有一种方法延长草上栽培的寿命。为做这件事，我从完全充满菌丝的健康的草捆上取下一些菌丝，并且把它们引进到新的草捆上。菌丝通常会只经过短期接触，就从一个完全充满菌丝的草捆扩散到另一个新的草捆。这样做，我每年不仅为自己省去购买新蘑菇菌丝的费用，而且省去了接种的麻烦。

创新和养护栽培物

栽培成功的最重要的标准是，基质具有足够高的湿度水平，以便原先干的草彻底地被浸润。为做这件事，我把草捆放在装满水的容器里许多天。草捆充分地浸没在水里，不仅帮助我达到了所要求的湿度水平，而且在这些条件下，草捆也开始稍微发酵。这能使菌丝寄生到草捆上更容易。然后我把草捆放在外面一天左右，让过剩的水排出去。一旦做了这件事，草捆就完成了所有接种的要求。下一步，把草捆搬到它们最后的位置上。至于木头栽培法，这应该是一个很阴凉的地方。

在克拉米特霍夫农场，我用湿地浸泡草捆。然后我把蘑菇的栽培物（草捆）放在岸上。这省却了长途运输，而且附近的水大量的蒸发，保证了最适合的湿度水平。此外，还能使干旱期间浇灌栽培物容易了。

当放置草捆时，你应该确保草捆之间有足够的空间，因为蘑菇会长满整个草捆。下一步就是接种草捆的时候了。如果你使用基质菌丝，你应该在草捆上用棍子做许多洞。这些洞应该至少达到草捆的中心。现在用菌丝填满洞，并且通过把草拉在一起，把洞又封起来。如果你用木栓或木钉菌丝，你同样应该以均匀的分布把菌丝推进到草捆的中心。

重要的是，两个方法都要用大量的菌丝。因为为了快速的寄生，需要大量均匀分布的菌丝。草捆被寄生得越快，其他真菌污染栽培物就越不太可能。在单独一个草捆里，我接种了大约8到10个地方。正如我已经提到过的，寄生花费的时

多样化种植下的蘑菇环境

球盖菇生长在次年的草捆上。

间长度绝大部分取决于温度。为蘑菇生长在草上，菌丝生长的理想温度是20℃多点。如果栽培物是在春季或初夏接种的，你可以期望在3个月内有收成。另一方面，在秋季接种的栽培物，直到次年春季才会有收成。完全渗透的草捆正常地能耐霜。从草里长出来的那种蘑菇有那种沁人心脾的白色菌丝，你能轻易地认出完全渗透了的草捆。你也应该保证给秋天接种的栽培物留下足够的时间来寄生。

草捆栽培物要求的额外养护很少。你只要定期检查草捆，以确保它们足够潮湿。如果草沿着草捆的外边干缩了几厘米，那不是什么问题，只要中间仍然潮湿。人们时常善意地给蘑菇多浇水。虽然菌丝需要湿气，但是它仍然对越来越潮湿是难受的。如果草捆要留在外面，暴露在自然环境中，在下大雨或长期下雨期间，可以把它们覆盖起来。可是，一年四季我把所有草捆栽培物，在毫无任何额外保护，在恶劣天气条件下留在外面。当然，草捆可以用灌丛覆盖，提供保护以度过冬季。

所谈到的蘑菇类型，只要湿度与温度水平足够高的话，收获一般分阶段进行。因此，栽培物的产量不仅取决于基质的大小，而且取决于环境因素。草捆栽培物的寿命有1到2年。之后，草捆陈旧了，可以用作肥料或覆盖物。

提示

陈旧的草捆成为优良的覆盖物，它们也可以用在花园里作为有机肥料。这样做时，蘑菇突然出现在菜地里并不奇怪。

栽培野生蘑菇

多年来，我做了无数次的尝试，繁殖和创新牛肝菌（*Boletus edulis*）、鸡油菌（*Cantharellus cibarius*）、白桦牛肝菌（*Leccinum scabrum*）和其他许多蘑菇品种，取得了巨大成功。这些蘑菇与林中的树长在一起。为了栽培它们，你必须提供它们恰当的位置及共生伙伴。在克拉米特霍夫农场，这种事总是以混合栽培的方式进行，因为各个品种的树互相辅助，这不但从生态学的观点来看，而且从蘑菇栽培的角度来说。在克拉米特霍夫农场，云杉树（*Picea abies*）实际上是牛肝菌与鸡油菌的重要的共生伙伴。然而，在云杉单一种植处，一般很难找到几朵鸡油菌。混合林不仅更加稳定；腐殖质的成分也更好。松叶靠自身腐烂得很慢，并且从长远看，对土壤的酸性化起作用。甚至水的平衡在混合林中也更好，而且转过来，这对蘑菇的良好生长起到了很大作用。

对于成功的栽培，许多因素都要起作用。要满足它们，这就需要对自然循环的密切观察。也就是说，到今天为止，从商业上看，栽培这些蘑菇仍然不行。

用白桦牛肝菌作为例子，我想解释我栽培野生蘑菇的方法。首先，我创造恰当的生长环境。为做到这点，我在台地上种植小白桦树。之后，在小树之间我把菌丝引入土壤中。首先获得菌丝就有点困难。为了获得菌丝，我需要一片白桦牛肝菌已经在生长的区域。为获得新鲜菌丝，我使用自己的基质混合物，并且把它撒在成长着的菌体周围。这种基质由森林土壤和在液体粪肥中浸泡过的锯木灰组成，而锯木灰由不同的共生植物构成。

当首批蘑菇出现时，我撒开基质，并且在生长季节把它留在那里。为获得优良的白色菌丝，我仔细检查基质，看是否菌丝已经长出来。然后把基质以不同的深度引入到春季种植的白桦树周围的土壤中，或者在仍然活着并且长出嫩芽的白桦树桩周围。当种树时，小心地把基质直接放进坑里，也是可以的。如果这事做得恰当，而且条件很有利，一到次年菌体就能生长了。

繁殖蘑菇的另一种又好又简单的方法，是收集成熟的菌体（含有成熟的孢

白桦牛肝菌（*Leccinum scabrum*）周围的锯木灰基质

白桦牛肝菌被引进到有白桦树的岛上

散布菌孢子

子），并且把它们放在一个编织松散的口袋（黄麻或洋葱口袋）里。接着把口袋挂起来晒干。重要的是口袋要挂在通风良好的地方，以便它能被正常地晒干。一旦蘑菇干了，我一边围绕着那个区域走，一边用一根棍子轻轻地敲打着口袋。这样，孢子分布遍及整个区域。它们在哪里找到地方发芽，新的蘑菇就会在那里发展。这样做时，你应该注意风向，否则你会很快发现自己站在细密的蘑菇孢子云中。你也可以把口袋挂在树枝上，在那里口袋将得到保护，不被雨淋着。为此目的，一棵云杉树具有宽广而上方成拱形的树枝，生长在高处，是最佳选择。伸展宽广的树枝有效地保护蘑菇口袋不被雨淋，而且树的高度让孢子很好地被风吹散。如果你做一个简单的器具去敲击口袋，那么实际上没有什么事要你做的了。用一块金属片捕风，上面钉一个木条来敲击口袋，这会把工作进行得天衣无缝。木条受风推动，会继续撞击蘑菇口袋，于是口袋释放孢子，接着被风吹走。用这个方法，我能轻易地增加地上的蘑菇数量。这也意味着，在克拉米特霍夫农场，我们会在最不可能的地方找到蘑菇。

在栽培野生蘑菇方面，有许多事情是可做的，还有许多领域尚未被人们调查研究。试验一贯是最重要的事情。你一开始研究这个领域，尝试某种新事物，你就会开始明白其中的因果关系。根据我的经验，你不必等待多久就会有初次的成功。

通过媒体，一种收获蘑菇的方法正在被推荐，依我看，那是大错特错。按照这种方法，蘑菇应该被去除菌杆、清洗，并且留下蘑菇的剩余部分。在我巡视期间和做演讲时，人们经常问我，这是否是最好的方法。在回应中我得解释一些关于收获蘑菇的基本事实：我们收集和食用未成熟的真菌菌体，因为成熟的菌体是不适合食用的。所以，由于媒体上这个虚假的信息，未成熟的蘑菇被收割，蘑菇的其余部分留在那里腐烂。霉菌非常容易在真菌因收获而受伤的地方扩散。在1到2年内，整个菌丝被污染或受伤害，蘑菇消失了。

年轻时，我种植一个栽培蘑菇的品种，如鸡腿菇与小蘑菇，我第一次观察了这种影响。它就像我剥一个苹果的皮，接着把皮扔回装满苹果的箩里。霉菌扩散，所有的苹果都开始腐烂。虽然每个人都知道这个道理，许多人并不停下来想想。当他们在采摘蘑菇时，他们无意识地毁坏了许多好的蘑菇种植地。人们认可的做法是采摘蘑菇，并且把它们带回家清洗。如果绝对有必要，而且蘑菇又不那么容易收集，至少它们应该接近地面收割。然后，留下的部分用森林土壤来覆盖，以便真菌能修复自己。菌丝会收缩，并且在良好的条件下，它会很快长出新的菌体。由于收获蘑菇的虚假信息是如此坚定地在传开，我得到的印象是，其意图在于压制野生蘑菇，以便进口的栽培蘑菇能代替它们。

5

Gardens
园艺

菜园

从前，房屋周围最好的区域留下来做菜园。在那里，农夫们种植珍贵的果树、蔬菜和药用以及烹饪用的药草。也就是说，就在门口，他们得到了需要的东西。菜园的目的不仅仅是为了生产食物，它还是一个就在住房外面的药店，对家庭健康极为重要。即使还是小孩，我们开始明白菜园是我们生活中的一个重要部分。当父母劳作时我们观察他们，我们能体验到许多色彩艳丽，气味芳香又好吃的作物生长的方式。

我仍然记得当我孩儿时，第一次在菜园里拔起胡萝卜和萝卜的时候，那种欣喜若狂的样子。我妈妈责备我，因为菜苗还太小，未到收获的时候，可是我心急难耐。它们尝起来津津有味，以至于我不时地从菜园里偷几棵。作为小孩，我们总是乐于种园子，因为有那么多东西可看：各种形态的昆虫，从地蜈蚣与瓢虫，到大黄蜂与蝴蝶，都能在那里找到。菜园到处是嗡嗡叫的小虫子，飞来飞去。作

菜园就在克拉米特霍夫家东面墙旁边。

物闻起来很芳香，而且我们总是能找到一些可吃的东西。我们最喜欢去那里，因为抱着发现某样新东西的希望，我们发觉趣味无穷。事后看来，最重要的是，换句话说，我们在植物周围成长，并且能体会到，我们周围的一切植物都为我们而生机勃勃。通常，白天太短了，在我们还没有结束对菜园的调查工作之前，时常天就黑了。通过对我们的菜园（Gachtl）的这些考察，（在隆高，菜园叫gachtl）我们也了解到各种作物是怎样种植的，以及它们在哪里长得最好。我们与周围的自然一起成长，在玩耍中学习。我们看见一切作物生长、开花和发出芳香气味的方式，而且也见到了做成可口食品的方法。它们是让全家人身心健康和幸福的菜园。当今像那样的菜园通常被描绘为“疗养菜园”。机械化耕作增加的结果，许多农夫把房屋周围的区域变成停车场和车库，或者修建了公路。到20世纪50年代和20世纪60年代，这种趋势已经发展到如此程度，许多农夫甚至在拆他们的旧粮仓和现有的储藏建筑物。曾经建在房屋外边的老面包烤炉，让位给沥青停车位。可悲的是，许多菜园也消失了。很少有人愿意做关系到保持自家菜园的任何工作。幸运的是，人们现在开始另作思考了。许多人再次意识到这个事实，即家庭生产的有机农产品，其质量和风味远远优于从超市买来的食物。

在这个快节奏时代，当这么多人焦急地奔波了一辈子时，越来越多的人会发现，种园子能平衡休闲与工作。对许多人来说，他们自己的小菜园是他们直接接触大自然的唯一机会。令人高兴的是，药用及烹饪用药草也正在返回菜园。许多药用植物的治愈性能已被科学证实，并且被用作现代的辅助药物。近几年来的这种发展趋势给了我希望，即更多的人很快又关注自然，并且又感到是自然的一部分，而不是相信他们能征服自然。创建你自己的菜园恰好是正确之道的开始。

我们对Gachtl（菜园名）的记忆

我们的Gachtl就在房子的东边，至今还保留着。它用尖桩栅栏围起来，而且有各种各样的水果灌丛。我记得有靠近栅栏的红醋栗、黑醋栗和一直长到房屋墙角下的草莓。菜园最向阳的部分长着醋栗灌丛和极为芳香的重瓣玫瑰花。对它们来说，这是最好的地方，因为这些灌丛易染霉病；原因是阴暗处长时间潮湿，刺激霉菌生长。在干燥，多石的地方，我们种植百里香、薰衣草及鼠尾草。在土地肥沃的地方，我们种植薄荷、柠檬滇荆芥、向日葵、益母草和独活草，所有这些都能适应轻微的阴暗。在这些药草之间，生长着有毒的药用药草，像乌头与毛地黄，它们有着引人注目的漂亮花朵。母亲一再告诫我们："你们千万不能触摸和吃这些药草。它们是有毒的。"有毒植物现在很少在园子里发现。可能是因为人们害怕它。如果无人照料，孩子们可能会吃它们，接着就中毒。当我长大后，通过我的各种试验，我发现自然界内部的相互作用中，有毒植物扮演着重要角色。现在我确信它们对土壤生物的健康有重大贡献。依我看来，多样化的植物对土壤有机物的发展是难以置信地重要。毕竟，一条蚯蚓不能去看兽医。动物（无论它们可能多么小）能得到的平常的药用植物，应该尽可能地多样化。我同样认为孩子们学习一些关于植物的药用及毒性的知识非常重要，他们听到和学到的东西，会给他们留下深刻的印象，并且在后来的生活中，影响他们和自然相处的方式。

拉维纪草（*Levisticum officinale*）茁壮生长在半阴凉而土层深的地方。一棵就能满足四口之家的需要。这种流行的药用及烹饪用草本植物妨碍相邻植物的成长，并且有力地传播。所以，最好把它单独种在菜园的一个角落里

各种类型的莴苣，从春季到冬季提供新鲜的维生素来源

柠檬百里香（*Thymus citriodorus*）在干燥、多石或多沙的区域产生强烈的香味

菜园大门的左边和右边，种植着我母亲最常用的食用作物：当归、香葱、韭菜、洋葱和大蒜。它们种在这里以便很快就采到，因为她没有多少时间来烧煮。很自然，她不得不到田间干活，还要照料牲畜。她时常把快速到菜园采摘香葱和其他药草的工作交给我们孩子——通常汤已经摆在餐桌上，大家便围拢来吃饭。

菜园阳光充足的那面是蔬菜地，种着菜豆和豌豆。由于海拔（克拉米特霍夫农场的菜园海拔1300米）高，到了5月中旬，如果土壤够温暖了，我们就种植红花菜豆。由于它们怕冷，母亲在它们之间种上莴苣来保护它们。对豆子来说，莴苣并不形成任何竞争。作为填闲作物，胡萝卜与萝卜也很适合。在其他阳光充足且土壤肥沃的地块，我们种植甘蓝、白菜、萝卜、小萝卜和西兰花。色拉植物作为填闲作物总是可以找得到：牛油生菜、冰山莴苣、散叶生菜和菊苣。然而，我母亲总是把荷兰芹菜种植得离沙拉作物较远，她说：“它跟其他的不合群。”

在房屋的墙边，矗立着一棵布拉斯李树苗（*Prunus domestica* sub sp. *insititia*），我们没有修剪过它。这棵果树没有嫁接过，就是说根上长出嫩条，继续生长成新的果树，它结出来的果实与母树的一样。这种水果口感很好，非常香甜，每年9月底到10月初成熟。

栅栏周围区域以及菜园里（阳光充足的、多阴的，以及干燥的或潮湿的）的土地都种上适合它们的作物。毫无疑问，这是任何菜园成功的诀窍，因为作物在适合的地方茁壮生长，而且不容易染病。它们还在自然适合的部位上生产最有营养的物质（香精油、苦物质）。例如，如果你种植百里香在暖和、干燥的地方，

（在多沙的或多石的）自然环境中，那么它自然地不会长得与菜园好土壤中长出的一样高。可是它会产生更加强烈的气味，也就是说，它的营养成分会增加。虽然栽培在菜园好土壤上的百里香会长到30厘米高，它会长得细长，可是只有很淡的气味。细长的百里香也不会具有许多人期待的治愈性能。百里香的旁边我们种植鼠尾草和薰衣草。这样一个小区域，有阵阵香气袭人，叫人流连忘返。

门口的药店

对每一个农场来说，广泛选择药用药草使得菜园变成了不可或缺的珍贵药材来源地。这是很有用的，因为医生和助产士时常很难来到，而且花很长时间。农夫们倾向于非常谨慎地惦量他们是否需要请医生，因为他们很难负担得起这种“奢华”。所以，每个菜园里都有匀净地混种的药草，以备不急之需。每个农夫都有自己的药方来做药霜、药酒、绷带、膏药和药茶。农夫们把这些药方代代相传（主要在家庭内），并且他们不断地改进药方。这就是为什么各个农场的药方如此大不相同的缘故。如果有特殊疾病的人住在农场上——像那些需要永久照料的人——在选择药草时，农夫们会考虑到这些特殊的需求。

如果我们家里有人病倒了，我母亲做的第一件事是走进菜园。每一种疾病她都知道一种药草，她以各种不同的方法使用它。她用薄荷、柠檬香油和药用蜀葵（*Althaea officinalis*）做成一道茶，喝了以后咳嗽就消失了。自从那以后，对药用蜀葵治疗喉咙疼痛、嘶哑和干咳的舒缓效果进行了彻底的调查，得到科学上的认可。

药草不仅作为药物用来治疗严重的疾病，它们还用于烹饪。我母亲根据味道和家人的健康，或多或少地使用药草（独活草、百里香、大蒜等）在各种各样的菜肴中。当今许多这些药草仅以烹饪药草而知名。这些日子，这些植物大多数被人们不知不觉地使用，是非常重要的药草。例如，独活草增进食欲，促进消化和有利尿的功效。新鲜采收的百里香有抗菌作用，其调味功能意味着，它能使菜肴（尤其是肉和香肠为基础的菜肴）更容易消化。也许这就是为什么百里香的味道能如此美妙地作为菜肴辅料。新鲜切碎的大蒜有抗细菌和抗真菌的功能。经常吃大蒜甚至能降低胆固醇水平。最后，它还是预防血栓形成的优秀药用作物，因为它有助于预防血栓。大蒜的抗真菌性能还有助于保护作物：大蒜茶（短时间内调制几瓣捣烂的大蒜，并放置一天时间）防治所有真菌疾病（像霉病）非常有

紫色金光菊（*Echinacea purpurea*）不但艳丽夺目，而且是很有价值的药用植物。它增强免疫力，因此用来治疗感冒和治愈伤口。

效。辛辣气味也使虱子不敢靠近。

药草还用来治疗农场上生病的牲畜。例如，实际上在每一个农场，农夫们自己制作金盏花霜。它能促进伤口愈合，降低感染。农夫们经常成功地用它来治疗牛、羊的乳腺炎。金盏花制成茶水，然后用来清洗伤口。从那时起，我发现金盏花对土壤也有益处：作物从根部分泌物质，防止对作物危害极大的线虫（数量非常庞大时）。为此，我在不同的区域继续播种这些有效且又漂亮的药用作物（喜爱土壤深而潮湿），并且在秋季收集枯干的种子为来年播种。

缬草是另一个例子。其缓解功能为众所周知。缬草茶用来做兽药，治疗结肠炎和痉挛。但并不适用于猫，因为猫对缬草反应非常敏感。还有洋甘菊，其性味平和，用来防治痉挛和肠胃气胀，不仅帮助人们治疗肠胃病，而且还用于马、狗和鸡。

人们所使用的许多药草，生长在菜园外边的小路、田野和山坡边沿。艾蒿、毛蕊花、聚合草、白屈菜、刺荨麻、地幔、款冬、蒲公英、直立委陵、陇牛儿苗和菊苣，这些仅仅是几个例子。

由于它们外貌并不显眼，看上去不像本来的样子：有点特殊。它们的药用性能几乎已被遗忘了！

在20世纪40年代和20世纪50年代，用家种药草及野生药草配制的药物仍然很广泛。在后来的岁月里，作用快而且一看就有效的药片开始为人们接受，甚至传到了遥远的农场，它们代替了草药。幸运的是，许多人与药物的副作用进行斗争，而且有些人不得不服用药片，以便克服其他药片的副作用。我们现在开始记起这种代代相传的知识。遗憾的是，经过多年，许多药方已经无可挽回地失传了。当我长大时，我开始知道许多用自然药物的行医者。当我们小孩咳嗽或拉肚子时，我母亲经常从祖母那里采集来泥罨敷剂和止痛药，祖母住在坦姆斯威格附近的索尔菲尔德。泥罨敷剂是混合物，用自然药物制成，摊开在烤面包用纸（或类似物）上，贴在病人的胸口或背部。“蒙大拿膏药”特别有效。它用来迅速减轻哮喘、咳嗽与感冒。农夫用不同药草的花瓣制成蒙大拿膏药，其中绝大部分由芍药或叫“蒙大拿玫瑰”（红花）构成。这种膏药有如此强烈而舒心的香气，当我们小孩被涂抹或用它作泥罨敷剂时，我们从不抗拒。然而，我们对另一种非常有效的疗法则拒之门外，即使用烤洋葱片、大蒜与辣根。我们用猪油做成这种膏药，用时拿热呼布包裹。这些用法的药物性能是惊人的。

许多农夫也制作膏药。他们使用树脂制作这些东西，树脂也就是落叶松的液体沥青。他们把这种膏药与不同的药草混合，制成泥罨敷剂。我记得膏药的效果经常是那么强烈，以致不得不把膏药纸去掉，因为感觉受不了。这种膏药的效果如此强大，以致它能在很短时间内，治疗炎症及溃烂的伤口。

最后，农夫们还用真正的骨头制成骨膏药。为此，他们一年四季把牛和猪的骨头收集起来，装在一个特别制备的盒子里。盒子里有一个通风格栅，让大量的空气循环着，所以骨头能干燥；这个格栅防止老鼠侵入盒子。骨头在火上熏过，为了储存的缘故，大部分肉都熏黑了。到深秋季节，烧制骨膏药的人来了。这往往是一个休闲的农夫，或一个樵夫或牧民。他挣得几个先令，作为每年秋季他制作骨膏药的收入。这个人来时，我们小孩总是欢天喜地，因为他给我们讲那么多他的生平故事。我们帮着粉碎骨头，以便骨头能放进铸铁锅里去。他使用两口10升的铸铁锅。粉碎的骨头放入其中的一口，一个铁丝格栅放在锅顶部。在第二口同样大小的锅里，我们倒上一口缸水（一升的四分之一）。我们把这口锅埋在潮湿、多苔的土壤里，离房屋有一定距离。锅与土壤齐平而且直立。我们把第一口里面有骨头的锅颠倒过来，格栅也向下，放在埋在地里的第二口锅上。当中的格栅只起保持骨头在锅里面的作用。我们用泥土糊住两口锅的周边。然后这个“烧

制作骨膏药

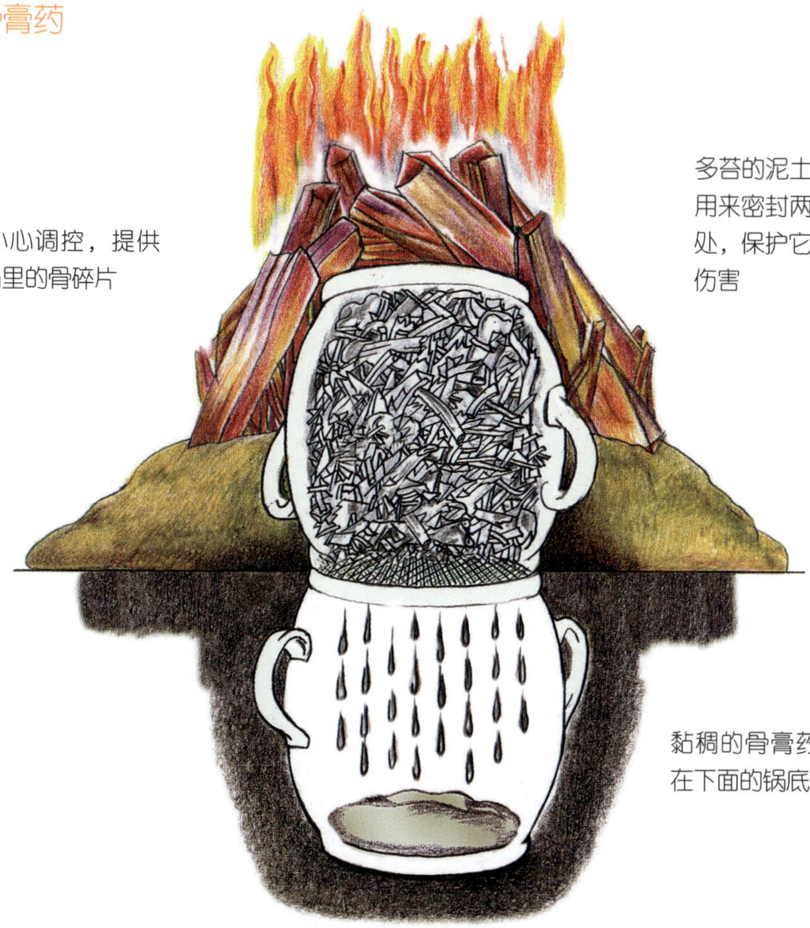

制者”把柴火架在覆盖的锅上就开始起火。做这种事需要有经验，因为热量不能太大，也不能太小：它必须是恰到好处。自然地，我们小孩想多加些柴火禾到火上，使它烧成熊熊大火。如果我们这样做，烧制骨膏药的人会用一根柴禾敲打我们的手指，并且告诉我们为什么不允许那样做。正如我已经提到过的，要保持特定的温度让脂肪从骨头里渗出，为此，不能烧太大的火。烧制骨膏药要求十分小心，确保密封保持丝毫未动，而且潮湿。如果密封受到破坏，火星可能接触锅里面的蒸汽油脂，并且造成爆炸。烧制过程结束时，会有黏稠的褐色物质在锅底上，而在锅顶上只有淡灰色的用过的骨头碎片。

我们用这种骨膏药治疗受伤的牲畜。例如，阉割猪的人通常带有这种膏药。由于刺鼻的气味，类似于矿物石脑油或木焦油，它很少用于人。在夏季，割草和收获时节，我们用一块抹布把用水稀释的骨膏药擦在耕牛身上。保护它们免受苍蝇和牛虻的叮咬。这很好地保护了耕牛，以便我们的活计能毫无干扰地进行下去。

通过实验，我发现了这种膏药进一步的可能用途，例如，作为威慑物，用来对抗林业种植中动物啃树皮，或保护果树免受啮齿动物啃食。许多年来，这个妙方起到了很好的保护作用。骨膏药可以和亚麻籽油、新鲜牛粪、熟石灰和非常细的石英砂混合，直到它达到可以涂刷的稠度。

你可以自己做这种骨膏药，可是你需要从屠宰场买到必要的骨头。这些骨头必须放在烤架上熏。（我们用熏过的骨头，因为我们熏烤大多数肉，使它能保存更久些。当然我们那时候没有冰箱和冰柜）这种骨膏药是否与用未熏过的骨头做的骨膏药在医疗上一样有效，我说不准。我们用烧烤后剩下的骨头做菜园肥料。

我现在想描述这种治疗法中几个非常简单的处方，有小菜园的人，制定这些处方没有太大困难。曾经有一段时间，这些治疗法几乎在每一个“家庭药房”里能找到。由于这些药草的效力各地不同，处方要做调整。只要稍有经验，正确的药力就能轻易地确定。

金盏花膏药

制作这种膏药时，整棵植物，包括树干、叶子和花，都用上了。首先，两大捧金盏花（*Calendula officinalis*）切得很细。加热约半升的猪油（可以从屠夫处得到），并且小心翼翼地炒金盏花，不断地搅动。也可以使用其他脂肪或菜籽油（例如橄榄油）。混合物要加以覆盖并保留一天。然后，轻微地加温，用一块布过滤，再倒入容器。如果你是用菜籽油制作，你必须首先混入一种增稠剂，像蜂蜡。你应该使用200克到250克已经加温熔化的蜂蜡配一升油。把熔化的蜡与滤过的金盏花油混合好，然后留下来冷却。你用的蜡越多，膏药就越硬。如果你喜欢奶油般的膏药，你应该少用蜂蜡。金盏花膏药可以用来治疗各种创伤，因为它促进伤口愈合，并且减少感染。

柠檬百里香及百里香油

百里香小枝条应该在天气干燥的中午时分采集。因为那是香气最强烈的时候。接着它们应该放进一个瓶里，与冷榨向日葵油或橄榄油混合。油要漫过百里

鼠尾草（*Salvia officinalis*）即将开花。它生长在阳光充足的地方，不用施肥，其营养含量最高。鼠尾草汤是一剂良药，治疗口腔和喉咙痛，也有助于治疗消化不良。

香小枝条大约两个指头。然后把瓶子放在一个阳光充足的地方，像窗台上，长达14天。之后用一块布把花滤出。为了使百里香油药力更强劲，制作过程可以用新鲜花重复再制作。百里香油应该谨慎地用在小孩身上。你的眼睛要注视着敏感的皮肤上可能产生的反应。推荐这个老药方，用来治疗扭伤和风湿病；身体患部应该用这种油涂擦。同样推荐用百里香油来治疗患中风的病人。

菊苣茶治疗糖尿病

浸泡同等量的菊苣茶根（*Cichorium intybus*）、蒲公英根、荨麻、法国丁香花及越橘树叶在热水中。这些植物三大汤匙，你需用一升水。这种茶只需调制很短一段时间，而且每天都可以喝。菊苣曾经用来治疗糖尿病。农夫们还把它做成新鲜汁，只要喝一茶匙容量的菊苣茶，就可以降低血糖水平。

直立委陵菜

用干燥的直立委陵菜根（*Potentilla erecta*）可以制成一种粉末，并且把它储存在一个罐子里。譬如，它们可以用咖啡研磨机研磨；粉末越细越好。由于它的止血功能，它被用来治疗严重的出血伤口。直接使用粉末，伤口会愈合很好，不会留下大瘢痕。

菜地

除了菜园，许多农夫都有一大块菜地，用栅栏隔开，而且像菜园一样，每年都要重新耕种。在菜地里我们种植白菜，用来做泡菜，提供我们冬季需要的维生素。农夫们同样种植萝卜、牛皮菜、甜菜、芜菁甘蓝、家畜饲料胡萝卜和黑色小萝卜。萝卜、牛皮菜和家畜饲料胡萝卜用来喂养家畜。我们几乎迫不急待直到母亲最后把首道菜（熏猪肉炒泡菜）端上餐桌。整所房子及其周围区域都有熏猪肉和泡菜的香味。当邮递员来到门口时，他会大声叫起来："啊，今天吃熏猪肉！"自然地，母亲只好请他进来饱餐一顿。

我们的菜地里最重要的工作

当我还是小孩时，在春季，我们总是要打碎菜地里的土块。对我们来说，这是特别劳累的活计。之后，我们用笔直的小路把地块分开，然后，在这些地块里我们把幼苗种在适当的位置上。在严寒的隆高，作物种得早些，以便给它们一个领头的机会。为了让幼苗开始成长，它们也可以放进窗台上的容器里或冷框子里。

冷框子由一个简单的木头箱子构成，上面覆盖着一道窗户或明亮的覆盖物。在春季，我们会放30厘米厚的一层草和粪在框子底上，并且用菜园土加以覆盖。通过分解过程，粪温暖起来，像床底下的暖气系统一样起作用。玻璃盖板或别的覆盖物，有与温室同样的作用。当创建像这样的一块菜地时，为了最充分地利用春季的阳光，你应该选择一个避风向阳处。当然，所选择的作物被种到外面去之前，必须使它们变得更耐寒些。分阶段做这件事特别重要，以便避免对作物生长的任何伤害。作物必须逐渐地习惯于外面的恶劣气候。使作物强壮起来的最容易的方法，是增加揭开覆盖物的时间周期。到过程末期，甚至覆盖物可以突然一夜打开。到圣约瑟夫节（3月19日）左右，我母亲会开始强化首批作物。一旦作物足够大，夜间的霜也已过去，她就把作物栽到外面菜地里去。她把干树枝插进土里，让豌豆和菜豆爬上去。她维护菜地周边，那里生长着不同的灌丛、药草和开花的灌木。她铲除凋谢的花和秆，把它们撒在作物周围的地上。然后她用几铲土把这些物质覆盖起来。她不时地给作物间苗，挖起那些长得太挤的，或者把它们栽到别处，或者把它们送给邻居。

我们的菜园很大，菜地甚至更大，自然要花九牛二虎之力。因为我母亲一个人照料不过来，我们小孩不得不帮着耙地和除草。虽然我欣赏除草，耙地肯定不是我们喜欢的活计。有时候，母亲只是拔掉了较大的“杂草”，并且把它们留在作物之间——通常在一个阳光明媚的日子，以便杂草很快枯死。在这方面，我的小园子比起我妈妈所喜欢的园子来，有点不那么整齐。这使她感到奇怪，一切作物是怎样在干燥、陡峭、多石的山坡草地边沿生长的。她说用我的方法能够省却大量的工作。因为作物会长得一样好，或甚至更好。然而她不能使用我的方法，因为邻居和朋友们会说她的园子不“整齐”，所以我们勤劳地耙地和除草。

在秋季，我们收获过冬的蔬菜。我们把菜拔起来，把它们放成堆。然后我们拿一条木头凳子和一个砍肉墩，用作工作平台。我们用刀切去根和叶。这是要仔细做的，因为收获物务必不能受损伤，否则它们会在地窖里开始腐烂。在房屋内，储藏用的地窖是一个不会冰冻的土坑地窖。地窖用落叶松木分隔成几间。每种作物，像马铃薯、萝卜或牛皮菜，放进不同的房间。

同样在秋季，白菜放进地窖里的大型发酵桶——埋入地下的一个大木桶，地窖的前面墙根处有一大堆沙。我们把从菜地里采来的最好的白菜，完全连着根，放进地窖。从这些作物上，我们采收来年的种子。在特殊场合，像圣诞节，我们会煮一个白菜头。

有一道菜是新鲜白菜色拉配圣诞节烤肉。通常是猪肉，在烤炉里与马铃薯一起烹制，并且用大蒜、藏茴香、百里香和茱乔栾那做佐料，我们见了乐不可支。当我们做礼拜回来时，我们在几米开外，到达住房之前，就能闻到烤肉香，我们总会欢天喜地跑进厨房，大喊：“我们今天吃烤肉啦！”那时候吃这种烤肉和新鲜白菜色拉算是相当不错了。那时没有冰箱或冰柜，人们肯定不是每天都吃肉。

我控制竞争植物，并且用覆盖物和植物全覆盖来保持土壤潮湿。这意味着我不必给作物浇水，或做任何除草工作。新鲜覆盖物不应该使用得太厚。这里能看到的覆盖物层正在被散开。

白菜运回来之后，白菜秆就开始发芽。由于地窖里缺乏光线，它们会完全变成黄色。作为小孩，虽然我们严格地被禁止，但总是想弄到白菜秆，因为它们是美味。为在春季重新种植菜地，母亲需要根和秆。从根和秆上，茁壮的嫩芽会长出来，接着它们会开花结籽。一旦菜籽成熟，母亲割下整棵菜籽，包括菜秆，放进一个袋子，并且把它挂在阁楼里。这样做，种子会成熟且干燥。荚果炸开时，菜籽就会集中在口袋里。在春季她播种作物所要做的一切，就是对着树或石头撞击几次口袋。里面的种子会掉出来，然后她去掉干枯的菜秆。除了色拉及蔬菜，菜地也供应我们许多药草，我们新鲜使用，或者晒干，或者泡制它们为冬季使用。我们还保存水果与浆果：我们把它们晒干，用它们做成蜜饯、果汁与荷兰杜松子酒，或把它们制成醋。然后，正如前面提到的，我们收割并且在菜地里晒干种子。譬如，为了教堂的庆祝活动，我们晒干终年不谢的野花，全年都在安排花卉群落。在冬季，很少有机会得到新鲜花卉。我们用钱也很小心。所以我们充分利用菜地；除了耕作菜地的工具以外，我们不必购买任何东西。种子、幼苗、粪肥和液体肥料已经在农场上，我们不需要任何别的东西了。

虽然我想保留和再采用旧的农业技术，不过，不是所有我们用过的技术都是实际上需要的。今天我维持菜地，所费精力很少。我用稚气的方法处理不需要的作物，在大园子里大有作为。我确实做到没有留下光秃秃的土地。我用覆盖物做到这点，通过除草然后留下“杂草”在地上，确保作物得到充分的覆盖。

我的菜地活计既轻松又要小心。在春季疏松土壤，需要时整理高耸的垄。没有必要挖翻土壤来施肥，因为从拔起来又留下的作物里生成一层营养丰富的腐殖质层了。在秋季挖翻土壤特别不好，因为留下疏松的土壤没有得到保护，会遭受冬季霜冻。这就是说，土壤生物没有得到必要的保护，于是土壤生物或者必须离开，或者被冻死。所以，在冬季我努力保护土壤免受霜冻。所以，我留下植被在

当今，相当程度的“不整齐”盛行于我的菜地。可是，土壤被茂盛的植被覆盖，因此得到保护，避免干燥和天气的影响。土壤生物很快乐，土地很丰产。

原地。这种保护在冬天给土壤和土壤生物提供了大量的温暖，正如冬天的大衣给我提供温暖一样。同样，土壤不冻结得那么快，这意味着我的"助手们"能工作更长时间。这在自然界以完全相同的方法起作用。在秋季，树叶落了，它们集聚在地面上，像一床毯子。即使起初树叶掉落是另有原因，我确信自然的这种保护作用既有意义而且重要。此外，生物量保持它落在哪里，就在那里变成珍贵的腐殖质。确切地就在它需要的地方。

我认为人们熟悉的深挖土地以便施肥的方法欠妥。因为在自然界，牛粪并不深入地下30厘米。粪肥总是用在地表面，那里有更多的空气，而且有大量的有机物。只有在那里粪肥才能被土壤生物恰当地转化成珍贵的腐殖质。如果我施肥，我至多放一铲土在肥料上，或者用少量覆盖物去覆盖它。菜地活计总是花费了太多的时间。所以那些喜欢挖地而遭受背痛的人，应该让他们停下来想一想。在菜地里花费太多的工作，并不总是带给人们所希望的成功，对他们的健康也不利。

我同样认为菜地不需要浇水，除了极端干燥期间之外。有永久性植被或覆盖物，土壤就能得到保护，免受干燥。这让我不但不必给任何作物浇水，而且还给了我一个独立作物构成的独立系统。过分浇水也冲走了营养。这使得需要更多的肥料。我们需要摆脱这个恶性循环，特别在园艺方面；我们需要把自己从入迷于"整齐"中解放出来，因为面对环境的影响，裸露的土地尚未得到保护。

自然肥料

备选堆肥法

堆肥是从有机废物中生产高质量肥料的方法。为高产的菜地做堆肥是不必要的。终年有覆盖物和很有技巧地采用多样化种植，这意味着附加的有机肥料不必要了。然而不管怎样，任何想做堆肥的人，能轻易地创造一个非传统的又容易维护的堆肥方法。为要这样做，两个相互平行的高耸的垄，其位置如此地相互靠近，以至你只能步行其间。垄应该建成角度尽可能陡，同时仍然连在一起，有60° 到70° 的坡。有机废物每天都倒在两垄之间。每次你做这件事时，你用一铲子的土、草、树叶或类似物质来覆盖废物。有机物质会逐渐地上升到垄高的60%。顶上应该用土覆盖，并且种植或播种生长旺盛的蔬菜（南瓜、黄瓜、萝卜等）。从垄的最远处开始，并且继续进行直到垄间的沟被填满。最佳情况是，当

即使不用肥料，作物仍然健康茁壮。

垄间堆肥

在一个很小的空间里，栽种蔬菜、养蚯蚓和堆肥

堆肥的大小能确保垄的沟被填平，并且在一年内会腐烂掉。次年你可以在垄的反面开始，并且把前一年做好的高质量堆肥，用一把铲子抛向左右两边的垄。由于许多蚯蚓会生活在堆肥中，你挖的时候要特别小心。之后，你可以走过留下来的垄沟，或爬过其中一个高耸的垄到外边。木板或大石头可用来垫路，以便在上面行走。用这个方法，你可以在一个很小的地方栽培蔬菜、做堆肥以及养殖蚯蚓。

堆肥可以使用任何可想象的物质类型：剪下的草、切削物质、树叶、干草、青草、水藻或池塘里的泥巴、厨房废物、纸板等——任何能分解的有机物质都适合。原料越小土壤生物就越活跃，堆肥变成腐殖质就越快。高耸的垄之间的空间得到保护，避免干燥，并且保持热度，这有助于分解过程。种植在高耸的垄上的作物应该选择，以便堆肥仍然能得到足够的光线，但是也要保护堆肥不受日光暴晒。在半遮阴处，分解过程的最理想的条件形成了，而且堆肥很快变成最高质量的肥料。

覆盖物

覆盖物也供应土壤珍贵的营养物。它不是别的而正是表土堆肥；它就是铺一层有机物质在土壤上，用作地表覆盖物。土壤从这里得到了保护性的覆盖，这预防土壤变得干燥，变得被侵蚀或遭受天气的极大影响。树叶、草、纸板和除杂草时拔起来的植物，都相当适合做覆盖物。绿肥作物（三叶草、羽扇豆和芥末）是特别好的覆盖物。在覆盖物层，不断分解的过程发生着，通过分解覆盖物转化成高质量的肥料。为使物质腐烂就需要氧气，土壤也需要氧气进行“呼吸”。当用覆盖料覆盖地面时，你还应该明白，原料要尽可能松散地撒开。如果土壤的气孔都被水浸透，土壤生物就遭殃了。

覆盖物层的厚度取决于使用的原料。潮湿的原料我就薄薄地撒开，使得它慢慢地腐烂，然而不会开始腐朽。另一方面，干燥的原料（像草和干草），可以撒得厚得多（20厘米或更多），因为它更松散，而且空气循环更好。自然地，覆盖物不应该压得太紧密。此外，当下雨时，干燥的物质不会像其他种类的生物量那么紧密。与专家的意见相左，我认为覆盖物不要切碎。专家们可能赞成切碎覆盖物，因为原料会腐烂得更快，用作肥料也更容易撒在作物的周围。我不切碎覆盖物，因为我认为营养物会慢慢地释放出来，覆盖物层变得紧密的可能性更小，这样更好。

在岩石花园里，松散的覆盖物层保护我的蔬菜作物。

做覆盖物的确非常简单：在春季，你只要把覆盖物铲朝边上一点儿，接着你又可以播种或种植了。你播种或种植的区域，要保持没有竞争的植物，而其他区域仍然得到覆盖物的保护。这样做，能预防不需要的植物生长，同时那些已经播种或种植的作物能不受妨害地生长。有了好的覆盖物，几乎没有任何要除草的东西了。如果你终年用覆盖物覆盖地面，你必须经常引进新的原料。按照混合种植的原则，重要的是变换作物和覆盖物原料，否则，作物只能得到同样的营养。多样化种植保持土壤和作物健康。至于堆肥，有大量的生物生存在覆盖物下面——

其中有很受人喜爱的蚯蚓。在春季，翻挖或疏松土壤将没有必要，原因之一是你已经覆盖一个区域一段时间。在灌木、树林和树篱底下，覆盖物也非常有效，这不足为奇，因为它反映了在自然界已经发生的事情。是人首先决定树底下的叶子是“乱七八糟”或“缺乏魅力”的。

液体肥料

当我年轻时，农夫们很明白液体肥料的效用和制备，取决于他们想达到的效果和哪些作物适合用液体肥料。他们准备不同的混合物。这样，每个人都发展各自的“配方”。随着化学肥料和合成农药的出现，怎样使用液体肥料的知识在许多地方消亡了。与此相反，许多人学习怎样“正确地”喷洒农药和使用化肥，以便他们自己不中毒。使用农药和化肥对我们的环境造成的长期伤害，对大多数人来说并不明显。不幸的是，使用这些东西，许多人愿意接受短期内产量的增加。对自然负责的人，应该对在田间和园子里使用化学物说再见。大自然提供大量的植物，它们造成的物质产生的结果，就是这些物质很适合生产有效的植物养料和液体肥料。为制作某种植物养料，你需要放新鲜割来，或者干燥的植物在冷水里一天。然后把养料撒在你的作物上。其效果可能差别很大。用刺荨麻做成的植物养料特别普遍，可以广泛地使用：刺荨麻含大量的氮，使它成为好肥料，而且它使作物强健。这类植物养料对蔬菜（像南瓜、黄瓜和甘蓝）的茁壮成长很有帮助。然而，鉴于有施肥过多的危险，它们不应该用于营养需求低的作物，如豌豆和菜豆。用新鲜刺荨麻做成的植物养料用来治蚜虫也很好。蚜虫似乎不喜欢刺荨麻的气味，保留在新鲜养料中的荨麻毒素的火辣作用是一个额外因素。我认为与其做成茶水，倒不如做成冷水植物养料，会更有意义。因为茶还需要煮，这需要大量的热能，特别是如果你想大量地生产。我考虑到煮沸是不必要的。如果我需要更强的植物养料，那么我把刺荨麻留在水里更长时间，并且经常搅动。养料会开始发酵并且变成液体肥料。液体肥料的营养物是那么丰富，以至使用前它们总是要稀释。它们有像冷水植物养料一样好的施肥效果。它们会使作物茁壮，因此，自然地也起到预防作物病虫害的作用，阻碍了单一有机物的成长，甚至猖獗。茁壮健康的作物更能抵抗病虫害，同时昆虫通常更喜爱柔弱的作物。这些自然界以植物为基础的杀虫剂，很容易在家里制作，并且不花一分钱！真正十分惊奇的是，它们已经淡出历史。

我的方法

做液体肥料最好使用本地生长的植物。从远方运来植物或进口产品，即使是推荐在专业杂志上，都是毫无意义的。几乎所有的植物都适合做液体肥料。为了让营养物释放出来，只要把树根、树干和树叶留在一个容器内足够长的时间，液体肥料就会从这些营养物中产生出来。

控制害虫的液体肥料的生产必须长期密切观察。我选择含有某种特殊物质的植物做植物养料和液体肥料——像香精油、苦性物质和毒素。当我选择植物时，凭我的直觉和多年来积累的经验。因此，我继续尝试新的植物以及混合物，因为在这个领域，仍然有那么多需要做实验和研究的东西。如果我过去没有用过植物混合物，我做一份试验茶为开头。做植物养料，我用新鲜泉水。自来水通常人工加工和消过毒。还有，为遵守饮用水规则，过滤、照射和氯化可能是必要的。这种水是“死的”，作为饮用水，对我不再有任何价值。当然，我非常习惯于饮用我们农场上的新鲜泉水。但当我来到城镇附近时，我总是回避饮水。光就

门口的水井：当今自流的泉水实际上是奢侈品。

味道就吓坏了我。如果你长时间喝这种水，你可能不再注意到这种味道。就像未喷洒过杀虫剂的成熟的草莓和番茄的味道一样，起到类似的作用。人们时常不再注意到味道。如果没有泉水可用，你还可以使用收集来的雨水。无论如何，它比处理过的自来水更好。你可以用任何有盖子的容器；盖子可以是木制的或甚至是塑料的。然而，我不用金属容器，因为在发酵期间，我的植物养料可能与金属起反应，并且产生无用的副产物。在短期间隔（每几天）内，我在像霉菌、蚜虫或介壳虫之类的东西上测试茶水，看是否有适当的效果。如果效果令人满意，液体肥料就做好了，我能使用了。然而，如果效果还太差，我必须继续做实验。于是我加更大量的这种植物或那种植物，或者我留下茶水发酵更长时间。这样，更多的物质会释放出来，而且它们的效果会加强。观察了很长时间，又用这个方法做试验之后，为了做有效的液体肥料，你可以形成自己的配方。这种配方对你本地的条件是最适合的。

混合物在发酵的同时，重要的是容器内要有足够的氧气。这就是为什么在这个期间我让容器盖子开着一点的原因，并且经常用一根长木棍搅动植物养料。由于阳光强烈照射而更温暖的区域，发酵过程也快得多。在整体上，在阳光不特别充足的区域，最迟一个月内，发酵便完成了。我敢说液体肥料做好了，因为它不再起泡沫，而且它的颜色变黑了。

我想对植物混合物、温度、水和植物的数量或使用量，做确切的描述怕不必要。最安全又最简单的方法是做试验，并且发现合适的混合物的浓缩汁，这对你的研究是必要的。

例如，一种我时常喜欢使用的植物混合物，主要由以下植物组成：刺荨麻（*Urtica dioica*，*Urtica urens*它提供氮）和雏菊（*Symphytum officinale*和*Symphytum xuplandicum*它们提供钾碱）。我也喜欢添加艾菊（*Tanacetum vulgare*）、木贼（*Equisetum arvense*）和洋艾（*Artemisia absinthium*）。这种液体肥料非常有效，并且改善植物的耐寒能力。对抵抗蚜虫或介壳虫的侵扰，以及抵抗红蜘蛛螨也起作用，这主要是洋艾的效果。如果我的作物上这些“害虫”太多，我只要增加洋艾的量，直到达到理想的效果。

菜地里的帮手和控制伙伴生物

我想说明的是，在原则上，在健康的环境中没有什么东西是要对抗的，因为蟹蜘蛛（*Thomisidae*）在一朵雏菊上巧妙伪装，先等待它的猎物，接着把它吃掉。在循环的食物链里，无所谓有用的或有害的有机物，都是伙伴生物——有些特别美丽，如在这张图片里的。

自然是完美的。因此，我必须考虑我的系统对自然有什么作用。如果我努力使自己熟悉自然循环，那么，大量欠缺思考地进行过的行动就变得不必要，或甚至是错误的。每一种生物都有一个用途。如果这个自然系统被人类错误地控制，它只会变得“不平衡”。你开始与“害虫”斗争之前，应该考虑这场伤害出现的原因，并且改变其条件。问题必须从根源处加以解决。仅仅处理症状是不够的。

这里有一个例子：如果我的果树上有太多的蚜虫，这意味着，对它们来说，没有足够的自然捕食者（当中有瓢虫、土蚣、食蚜蝇、草蜻蛉、各种蜘蛛、甲虫及鸟类），而且通常没有捕食者的隐蔽处或适当的栖息地。另一方面，如果我设置好栖息地在传染了蚜虫的树底下，而地面上多是石头、树枝和树叶，捕食蚜虫的生物数量会增加。捕食者会发现一个“开放的餐厅”，过多的蚜虫很快就缩减。不必要采取额外的措施。

在我们的菜园里，几乎没有过多的“害虫”。这主要是多样化种植和老菜园的好结构造就的。一个系统越是多样化，它就越稳定。单一种植是突然出现大规模单一种类生物的有利环境，因为它们找到了过剩的食物。可以这么说，“害虫”从一棵饲料植物跳到另一棵上，就其原因，是因为在这片荒地上，它们的自然捕食者没有发现恰当的条件。在多样化种植中，永远不会引起这些问题，因为总是有广泛的多样化的植物。疾病的传播也被这种多样化控制住了。这些珍贵、有助而且有益的生物，需要合适的环境和处所，以便它们躲藏和冬眠。

这些因素确保我小时候的菜园得到保护，免受害虫的大规模伤害。我只记得少数几次当菜粉蝶的数量相当大，并且落在我们的菜园上时，这种虫口过剩可以

沙地蜥蜴（*Lacerta agilis*）喜欢阳光充足的地方，例如木头堆或地面上的石头底面。就在附近（开花的草地，树篱）的深厚植被更为可取。除其他的以外，它的食物由昆虫、蜘蛛、土鳖和蛞蝓组成。

归咎为害虫和有益生物的数量连续自然起波动。自然用供求系统起作用。有益生物的增加，过一段时间之后又平衡了害虫的增加。在这些情况下，如果你求助于使用化学药品，那会有相反的效果。因为比起它们的自然捕食者，许多害虫更能抵抗杀虫剂。于是，有些害虫在杀虫剂的攻击中幸免于难；而所有的有益生物会死去，这会使下一波伤害强烈得多。在菜园里，我们通过喷洒用洋艾、刺荨麻、龙胆根和木贼合成的液体肥料在白菜上，很简单地控制住了菜粉蝶的虫口过剩。

在菜园里，最重要的生物如下：蛇蜥、蜥蜴、豪猪、鸟类、两栖动物、蜘蛛和食肉的螨。还有许多昆虫，像瓢虫、土鳖虫、食蚜蝇、草蜻蛉、土蜙、姬蜂和蜻蜓。只需要用很小的力气就能提供所有这些帮手一个合适的栖息地。最重要的是，菜园结构多样化，防止使一切作物成直线排列，整齐划一。动物需要场所躲藏、筑巢和冬眠，而且有宽广的觅食范围，让它们吃得心满意足。这正是你需要提供它们的东西。菜园的边沿要特别适合这样做。譬如，在这里你可以种植野生果树和开花的树篱，或甚至各种不同的野花。放上三个树桩或有木节的空心树干，那是锦囊妙计。这些能提供很好的地方，让这些动物繁殖，而且树桩也非常引人注目。成堆的木头、树枝或灌木也可以达到这个目的。

因为有可以筑巢的盒子，又有浆果和水果长在野生果树树篱中，鸟类和蝙蝠就受到鼓励。石头或石头堆也能提供不同的栖息地。如果小心使用，这甚至能结合成一个草本植物螺旋体。水域和湿地极大地丰富了菜园，因为大量的两栖动物和蜻蜓能在那里生长。

你只需要少量的工作来创造这类隐蔽区域，而且稍用想象力，这些生物就能使菜园更加赏心悦目。

田鼠

田鼠在我们的菜园里很少大量的出现，以造成伤害。其原因如下：植物混杂又多样化的情况下，田鼠找到足够吃的东西。它们咀嚼许多不同植物和灌丛的根；然而，不会有作物完全歉收，因为每个田鼠都有足够的食物。在植物已经被啃的地方，单棵的灌木能很快修复自己，许多新的纤维根会在它们周围长出来。田鼠也带走许多根，并且为过冬储存起来，或把它们喂给小田鼠。不过，在它们的广阔隧道网络中，它们时常丢失个别的根块。这些隧道被雨水冲垮，或被其他动物移居，于是田鼠必须重建它们。丢失的婆罗门参、黑婆罗门参、耶路撒冷蓟和胡萝卜根，仅仅列举几个，就在隧道里发芽。新的植物在最不可思议且最不适合的地方成长，这些地方是不毛之地，你永远不会想到在这里种植任何东西。隧道本身要排出过多的水，并使土地通气。

许多昆虫、植物和动物是认定领土的：它们要求某些区域作为它们的领土，并且保卫它们。按照我的观察和经验，与田鼠作对是毫无意义的，因为一旦领土变得无食可觅，它会被新来这个区域的田鼠利用。如果我用毒药、煤气或捕捉的方法来与田鼠作对，这块领土只会变成其他动物的天堂。低下的生物数量和密度会被越来越多的空旷领土所平衡。田鼠会养育更多的后代，或者甚至只养育更多的雄性。与捕捉、投毒或放毒气相反，最好考虑自然循环。如果我让田鼠为我工作，我会有通气的、松散而又排水好的土壤，也有茂盛而多样化的植被。田鼠不会再以罪魁祸首出现。此外，投毒和放毒气会污染土壤。如果田鼠大量灭绝，那土壤不再是排水好的或通气的；它会变硬，变得更酸性和多苔。这会导致许多植物失去产地。修复土壤伤害所需的力气，比（想象的）田鼠吃庄稼造成的损失大得多。重要的是要做到，总是有足够的可利用的植物引诱禽兽。引诱植物是味道特别的植物，动物喜爱吃它们。耶路撒冷蓟和黑婆罗门参是很好的引诱禽兽的植物。如果有足够可利用的植物，田鼠就留下果树不管了。不是我能做什么来对抗“害虫”的问题，而是我能为它们做什么的问题，以便它们不造成危害，甚至反过来为我的利益服务。

蛞蝓和蜗牛

外来的西班牙蛞蝓（*Arion vulgaris*）与本土的相比，情况就不同。在我们居住的地方，蛞蝓大规模繁殖；在许多地方，人们对怎样对付这场威胁不知所措。在南斯坦里亚和奥地利低地做指导时，我发现在农场上以及种植蔬菜的地方，每平方米有多达15个蛞蝓。许多农夫抱怨说，牲畜不再吃草，因为草里满是蛞蝓。“种蔬菜不用蛞蝓药丸不行了！”这是烦恼的农夫们的呼声。城里的菜园主告诉我，蛞蝓会爬上房屋，一直爬到阳台。在许多情况下，墙树和攀缘植物不得不从

引诱植物（这里主要是耶路撒冷蓟）的茂盛生长保护了新近种植的果园。同样可见的有毛地黄（*Digitalis purpurea*），一种剧毒药用植物（不能加入自制药物中）。除了其他原因外，我种它是为了改善土壤健康。

房屋墙边移开，以便使蛞蝓灰心丧气。

在小菜园里，依我的经验，下面的方法是很有效的：取一个喷水壶，在原来长度的一半处切一个喷口，以便喷口宽得多。用非常干燥而又细的锯木灰混合物填满喷水壶，锯木灰可以理想地从木匠工场收集到。当然，锯木灰必须来源于未处理过的自然木材，不曾涂清漆或含有任何其他有害物质。我从一个木匠工场取锯木灰，因为那里的木头非常干燥，并且锯木灰比你在锯木厂找到的细得多。此外，锯木厂主要加工新鲜木材。我用一份木头烧成的灰配十份锯木灰，或配生石灰粉（大约1：20）。两者你都可以选择地使用。唯一重要的事情是，所有的配料都要干透。我用这些材料填满喷水壶，并且以一指的边宽度把混合物倒在莴苣和菜地的外边沿。首先要确定，植被的边沿区域是空旷的。这条由锯木灰混合物构成的边界应该保持尽可能地干燥。这意味着有时候，特别是下雨之后，你会不得不修复这条边界。一旦蛞蝓或蜗牛试图进入莴苣或蔬菜地时，很细的干锯木灰混合物粘住蛞蝓或蜗牛的脚。锯木灰和生石灰吸湿气，这预防它们爬进菜地里。如果你晚上坐在菜园里，你能看见蛞蝓和蜗牛是怎样到达这道障碍物以及原路返回的情形。像这样的成功，会很快消除蛞蝓和蜗牛入侵的恐惧。

有许多方法自然地控制这些害虫，这里再说一个。蛞蝓和蜗牛在黑暗、潮湿的地方产卵。如果你提供它们一个理想的场所产卵，你就能控制它们的数量。为了这样做，我在菜园成行地摆放新鲜割来的青草和树叶，它们应该比覆盖物堆得更高更紧密，并且应该尽可能地保持潮湿，以便它们提供最好的产卵条件。蛞蝓和蜗牛会远距离跋涉来利用这样的地方。在一个阳光明媚的日子，我走进菜园，用一把种园子的叉，翻开成行的青草。整串整串的虫卵会黏附在腐烂着的草上。在中午太阳正辣时，如果你翻开成行的草，虫卵会迅速地被太阳的热和紫外线杀死。蛞蝓和蜗牛的虫口过剩，可以用这个方法迅速加以遏制。如果你的邻居也使用这个方法，其效果会甚至更好。这个方法还说明，覆盖物（用新鲜材料，堆得太高以及不够松散）使用不当，害虫会造成多么大的伤害。

除了这些措施之外，正如已经提到过的，重要的是，在菜园里要有作为帮手的，蛞蝓和蜗牛的自然捕食者。这些中的最佳例子是豪猪、鼩鼱、蜥蜴、蟾蜍和许多种类的土鳖虫。

知名的可食性蜗牛（*Helix pomatia*），通过吃蛞蝓的虫卵，也帮助控制经常形成巨大数量的蛞蝓。所以，不是所有的蜗牛都有害！

蚯蚓——自然的“犁”

在每一个菜园里，蚯蚓在最重要的帮手之中。在克拉米特霍夫农场，我们有许多本地的蚯蚓品种：红纹小蚯蚓（*Eisenia foetida*）、普通蚯蚓（*Lumbricus terrestris*）和红蚯蚓（*Lumbricus rubellus*）倾向于大量地出现在健康的土壤中。通过它的深红色和与众不同的黄带，你能容易地认出红纹小蚯蚓。普通蚯蚓和红蚯蚓没有这种独特的带状物。红纹小蚯蚓栖息于地上，也就是说，它们生活在土壤表面。另一方面，红蚯蚓只在地面度过青春期，后来它们打地洞，进入较深的土壤层。最后，普通蚯蚓，许多人认为是“典型的”蚯蚓，打造地洞供居住，并且觅食到3米深的地下。

这三种蚯蚓在它们的园丁工作中，美妙地互相补充：红纹小蚯蚓加工大量的有机物质，提供最佳的堆肥。用它们挖的隧道，普通蚯蚓和红蚯蚓到达更深的土层，而且使土壤通气良好。隧道也巧妙地起到排水系统的作用。土壤可以保持更多的湿气；不会那么快就干燥，而且地表得到更好的保护，免受侵蚀。植物的根通过蚯蚓隧道能更好地延伸。自然地，这两种蚯蚓同样为菜园生产营养丰富的堆肥。蚯蚓排泻物含有很多植物的营养物：氮、钾、磷和钙。比在最好的菜园土壤中含有的多得多。以上矿物质以它们易弄碎的密度，提供好的土壤结构。作为这些因素的结果，在蚯蚓的帮助下，植被发展得很好，作物茁壮，因此更能抵抗病虫害。

这就是为什么重要的是，为这些珍贵的帮手尽可能地提供最佳生活条件。由于蚯蚓非常害怕紫外线，要确实做到菜园有永久性的土壤覆盖物，这才是明智之举。这可以通过种植经过选择的混合作物做到，以便避免大面积的作物突然收获时，土壤还有覆盖物能吸引蚯蚓。如果你在菜园里发现的蚯蚓很少，你应该竭尽全力来培养它们。特别是，既然这件事在很小的区域内就能轻易地做到。饲养蚯蚓并非昂贵，所花时间很少。你也可以“处理”你的有机废物。作为最终产品，你会获得高质量的堆肥，用于花盆和菜园。你还有许多充满活力的帮手。如果你开始大规模养殖蚯蚓，通过销售蚯蚓堆肥和蚯蚓，你甚至能财源广进。在欧洲和美国，有许多公司全力从事蚯蚓养殖业。

繁殖蚯蚓

为了成功地养殖蚯蚓，你必须研究它们的自然栖息地。你自己的养殖系统要做相应的设计。小规模养殖时，容量有一立方米的木头盒子就够了。蚯蚓要求有草、纸板、土壤和少许粪肥混合而成的土壤基质。在我的其他尝试中，我也使用过不同的原料，像自然织物（棉花、亚麻等）。土壤应该疏松且通风良好。为了确保这样，结合多层树枝、树叶和树根进入基质是妙方。任何烹饪废料都可以用作蚯蚓食物。洋葱和大蒜是我唯一不喂蚯蚓的东西，因为我的印象是它们不很喜欢。蚯蚓特别喜欢充满咖啡渣的咖啡滤纸。重要的是，保持有规律的有机物质供应，以便蚯蚓继续得到新鲜食物。食物的量应该以蚯蚓的数量做调整。如果蚯蚓分解食物能跟上新食物的累积，这个比率是最理想的。霉菌的有害累积也会得到预防。室内温度对蚯蚓来说是理想的。湿气的稳定平衡和很好的氧气供应同样是必要的。为避免水积累起来，在蚯蚓箱的底部应该钻通一些洞。土壤应该既不完全干燥，也不完全潮湿；水太多会使蚯蚓变惨白。

你应该经常观察蚯蚓。你会很快认识到，在蚯蚓的环境中它们是否过得舒适。在创造理想条件中，直觉是个重要因素。在我的温室里，我不再用箱子养殖蚯蚓，而是直接养在土壤里。为了做到这点，我使用已经提到过的土壤基质。用土覆盖上，把一些蚯蚓放入土堆中。在这个土堆的中心，我做成一个浅浅的凹

在肥沃的菜园土壤中，总是可以找到大量的蚯蚓。

处。我可以每天放些新鲜的有机废物在那里，并且用几捧土把它盖上。当我正在喂养蚯蚓时，土堆似乎太干燥的话，废物很快使它又变得潮湿。如果系统的设计有利于通风良好，每两天或三天喂一次就够了。这就是说，可以听任它们自行其是，你可以愉快地度过周末。

与珍贵的腐殖质、无数的蚯蚓和蚯蚓卵一起，繁殖这些有用的生物还有另一个好处：你将学会观察，而且设身处地为其他生物着想。你的生态学领悟和移情作用会得到提高。不时地，当天气潮湿时，我把我培养的蚯蚓加上一些土，和蚯蚓卵放在一只桶内，在傍晚把它们撒在新的台地和高耸的垄中。我把营养丰富的细而易碎的蚯蚓腐殖质用在特别珍贵，生长需求高的作物上，也用于阳台上的花卉。

城市花园的特色

孩子怎样体验自然

原则上，城市花园与农村菜园有共同的用途。依我看，当今的城市花园比任何时候都更重要。如果你生活在城市里，即使没有机会在动物和森林及田间植物

孩子应该有机会在自然周围生长，这些是我的孙儿们：海尔默特，埃丽亚斯和阿林娜。

周围长大，在你自家的花园里你至少能体验到一点自然。花园的大小并不重要。在你自己的花园里，体验创造奇迹对身体的治疗效果，才是更为重要的。

回忆我的童年，在窗台上的盒子里，我种下我的第一棵欧洲七叶栗树，我习惯在栗树下玩打栗子儿童游戏。母亲对我说："如果你种那棵欧洲七叶栗在地上，一棵树就会长出来。"她喜欢种的花草在厨房窗台上的盒子里，而不是在菜园里。我的欧洲七叶栗长成了一棵光彩夺目的小树。我无法形容这棵树对我的影响，因为我后期的所有成功应回归那一次的经验。如果小孩有机会在自然周围长大，那么他们会从中学习。能发现多少东西是难以想象的。深入细致的观察会激起他们想立刻贯彻执行的念头。学习在先，成功在后。孩子不会轻易地放弃，他们充满好奇，并且有特殊的途径接近自然。如果他们第一次不成功，他们急于发现的心情，会激发他们一再尝试——那是最重要的东西：永不放弃并且从错误中学习。小孩需要表扬，也要获得成功。这会使他们坚强，促进他们创造性的独立思维。小孩头脑里仍然留有空间，等待他们自己观察和体验自然循环。这些记忆他们终生难忘。我的童年经验帮助我，总是能从错误的道路上回头，找到与自然和谐相处的自然生活。如果你使孩子与自然隔离，不妨说，割断他们与自然的根，他们将不理解自然内部的因果关系和循环。因为没有根，他们会发觉处理问题更困难。这就是为什么如果你住在城市里，你仍然应该给孩子一个机会，在花园里或在窗台盒子里播种小胡萝卜及胡萝卜，观看它们茁壮成长。这会让他们观察昆虫，体验植物的颜色和气味。每个小孩都有发现自然的欲望。如果父母不教育他们这一点，或禁止他们进一步了解自然的秘密。我多么经常地听到："别弄脏了，地面是肮脏的，"或"离开，别碰它。"当小孩对着父母指出一只蝴蝶，一只野蜂或一只甲虫时，又听到同样的话。听到下面的话也是家常便饭："别碰它，真讨厌，那是可怕的，快离开。那是有毒的，它会咬你。不管怎样，你会弄脏的。"依我看，这是父母犯的最大错误之一。你应该关注孩子，并且问："啊，你在那儿发现什么啦？"你要努力发现它是什么种类的蚯蚓、甲虫或蝴蝶。在晚上，你可以与孩子一起翻阅一本关于昆虫的书，看他们发现了什么。这样做，即使你住在城市里，你的孩子也能与自然有一定关系地成长。

设计特点

总的来说，应用于菜园的一切东西，也能应用于花园。如果只有很小的区域

果树用作番茄“攀爬辅助物”。

各种茂盛的植物，甚至能生长在克拉米特霍夫家西侧阴暗处。

可利用，那么更为重要的是，理想地设计和使用它。例如，在小的城市花园里，通过建造高耸的垄和台地，可以获得珍贵的空间。在这种情况下，应用同样的原理，正如那些在“地形设计”一章中描述过的。这些技术将会提供微型气候、视觉屏障、防风林以及侵蚀保护。其结果，进来的污染会被缩小（特别是细灰尘），而噪音污染会减轻。所有这些因素对城市花园来说是有益的，不应该被低估。

在美化地形开始之前，现有的土壤必须被检验。做这件事时，前面“土壤条件”一节中提到的所有因素都是重要的。城里的土壤被污染得如此严重，以至你开始园艺工作之前，不得不用有机农场未污染过的土壤来代替它。虽然这很费功

城市花园里的朴门农艺

通过巧妙使用空间，供个人吃的水果、蔬菜、草本植物和蘑菇，也可以栽培在很小的区域

夫，但对某些土壤来说，十分必要。过些时候，应该有一种活泼的土壤生物在这种土壤中发展。它会发现最佳条件，并且由于混合作物的应用和缺少化学杀虫剂或化学肥料，它的生长受到鼓舞。土壤的再生力由于这种情况而极大地提高，到达你在城市里能种植高质量农产品的程度。如果土壤过分肥沃又能渗透水和空气，那么通过混合沙、草、树叶和切削碎料（木头碎屑），可能使土壤疏松又通气。如果你用挖掘机美化地形，你必须首先查明地下是否有电话线或煤气、水和污水管道，并且知道它们的确切位置。

当你建造一个小花园时，特别重要的是，使花园阳光充足。如果你不仔细选择你种的植物，整个花园会很快变得阴暗。这就是为什么长得高大的树不应该栽种。如果有房屋或棚屋可利用，我曾经描写过的砖头的砖石炉效应，就由你处置。墙壁的热吸收和热辐射特性，使需要大量热量的果树（桃树和杏树）很适合，而且能作为墙树种植。层层上升的台地系统——换句话说，用一切可能的方法使用垂直面——在小区域内有很大好处。在不同的台地上，以参差错落的高度，可以种植灌木和果树。接着这些树可以作为攀爬辅助物，让葡萄、猕猴桃、黄瓜、南瓜、法国南瓜、豌豆和菜豆攀爬。这样做，墙的各方位的热吸收和热辐射将得到有效的利用。在这类共生群体中，个别植物释放的营养之间的相互作用显示最佳优势。你可以创造一个真正的“丛林花园”，除了提供美味农产品外，也奉献人们一个恢复元气和休闲的地方。自然地，在种植之前，你必须查明各种不同的灌木和果树最后会长到多高。这样做你会省却经常整理、修剪，使其一切恢复原状的功夫。

在花园里，由于塔楼大厦或其他建筑物的遮蔽，在阳光只是突然射到的区域，你必须弄清楚，它们不至于太突然地遮蔽任何怕霜的果树（例如杏树、桃树或早熟樱桃树），它们正开着花。虽然这些果树能经受轻微的突然出现的霜，不至于造成伤害，但是突然的阳光能使它们受到冲击，这会导致果树失去所有的树叶和花朵。在这种情况下，你应该种植果树在可以避免这种冲击的区域。除非那是最适宜的地方以外，否则果树要种在阳光充足的房屋墙边。突然下的霜在阴凉处会慢慢融化，对果树造成的后果不太严重。水果会成熟得晚一些，可能不那么甜，可是这种让步是必要的，因为总还有个收获。

在城市花园里能发现的条件大不相同。这就是为什么总是要记住朴门农艺的原理，并且用移情作用和创造力来处理你自己的那块地。接着你会发现许多种植蔬菜的方法。仅在几平方米的土地上，种出药用和烹饪用的药草、浆果、水果和蘑菇。

台地和阳台花园

朴门农艺原理可以处于优先地位，而且可以在阳台、台地、小块草地，甚至在房子里加以实践。事实上，在我的第一个“花园”里，我甚至有一个小作物桶。开头我是怀疑的，可是在像那样的一个容器里，你的确可以种植任何东西，不管多大或多小。我在许多不同的城镇种植过阳台和台地。作为开始，通常我在台地上或阳台上种植观赏植物或灌木，像栒子、桧树或矮阿伯特云杉树。主要是因为它们不需要太多照料，并且呈“绿色”。通常，一切东西都很相似，或灵活性太小，这可能是因为家规规定的。人们发现整个欧洲在阳台、台地，甚至平常花园的设计和植物选择方面，几乎没有任何差别。我不断听到花园主们这样的话，不管怎样，楼房高到10层或20层，什么东西都长不了，并且在任何情况下，肯定长不了果树和蔬菜！于是他们时常议论，他们不知道，如果突然看见小胡萝卜、豌豆或甚至菜豆长在一只植物桶里，邻居们会怎么说。我鼓励人们就是要打破这种禁忌，种植自己的阳台或台地花园，不顾一切地把它变成可供食物的园子。我的方法和建议已经反复而且成功地被人们实践了。

让我们用一块小台地作为例子，它有6平方米，面对大街。就这一点，我应该提醒你，当你在城市里栽培食物时，你需要注意来自道路和工厂的污染物分

药用和烹饪用草本植物甚至蔬菜，可以种植在小阳台上。

房屋墙壁边上五彩缤纷的植物组合。

量。在繁华街道上，最好不使用面对道路的房屋侧面来生产食物。使用房屋墙壁来种植攀缘植物，像铁线莲，倒是个好主意。通过加一个绝缘层使房子冬暖夏凉，这样也能创造微型气候。然而，更为隐蔽的房屋背后的区域，非常适合生产食物。台地的前面，你可以放两个水泥长形槽，综合容纳大约1.5立方米的土壤。在每一个槽的底部，钻一至两个洞，直径大约为10厘米。每个槽底下放一些砖头或木柱，以便槽和地面之间大约有15到20厘米的空间。在这个空间里放一个不漏水的盘。然后你可以在槽里插入一根坚硬的木棒，穿过盆底的洞。确定木棒足够狭窄能穿过洞，同时仍然留下空间让水能滴漏。只要木棒适合可用的空间，它能有多高随你喜欢。这起到葡萄、猕猴桃、法国南瓜、黄瓜、南瓜、菜豆、豌豆、玫瑰和其他各种攀缘植物的攀爬辅助物作用。正像我在“蘑菇栽培”一章中描述过的一样，它也可以用于食用蘑菇的栽培。如果你选择了一根引人注目的木棒（有可爱的边枝盘绕），花园会看起来更加令人惬意。直接在槽底的洞周围（木棒周围）放上足够的碎砖或砾石，提供排水，以防槽内积水。

阳台花园

有许多不同方式使用的，结构丰富的阳台，使得人们在城市里体验自然有可能

槽内的木棒现在可以在许多地方钻孔，并且接种蘑菇菌丝。接着水泥槽用健康的土壤混合碎砖填到大约三分之二处。你不应该用销售的罐装土壤，因为它含有大量泥炭，它是以牺牲我们的沼泽为代价收集来的，而且没有任何种类的肥料效果。蚯蚓也要引进到槽里。于是种植和播种可以开始了。攀缘植物裹在木棒的周围，它们的旁边可以种植和播种各种蔬菜（莴苣、小胡萝卜、豌豆等）。你设法利用的水平层次越多，在一个小空间里你能配合种植的绿色植物也越多。作物的安排在交错的高度上取得最佳成果。生长在不同高度上的作物，可以放在适当的位置，以便作物之间不会产生竞争。

盘内灌满水。坚硬的木棒（选择的标准可以在“蘑菇栽培”一章中找到）从盘中“吸”起水，平衡水泥槽土壤的湿度。如果槽留在外面自然环境中，足够的雨水会聚集在盘里，它保持水泥槽潮湿。否则，盘就需要人工添水，或不得不给作物浇水。如果你有枧槽，你就能保持作物得到自动供水。安装一段水管，从枧

几维作物在隐蔽的地方长得最好，特别是在房屋的墙边：图片显示一种耐寒的几维（*Actinidia arguta*，果实小）已经长大，超过了克拉米特霍夫家的屋顶。很怕冷然而果实大的几维（*Actinidia deliciosa*）也容易栽培。

槽接入盘中，并且放进一个溢流管，把水又带回枧槽（包括一个筛，安置的溢流管至少比进水管高10厘米）。然而，在城市里，你得小心使用这个灌溉方法，因为那里的屋顶经常非常肮脏。灰尘、煤烟和许多有害物质会积累在枧槽中。另一方面，如果你的住房是在人口不那么稠密的区域，使用这种灌溉方法，你可以继续度假，而不用担心你的阳台花园会干枯。

每天用一个泥铲把厨房里的有机废物混合入槽里的土壤中。废物总是应该趁新鲜使用，而且每天放在不同的地方。废物应该用树叶或覆盖物遮盖，同时要确定有大量空气接近废物。有机废物提供蚯蚓食物，而且供应作物高质量的肥料。当然，过些时候，槽就会填满，其结果是一层有大量蚯蚓卵和小蚯蚓的基质，可用于作物盆、花盆或花园。

我已经描述过的液体肥料，也可以用来保护台地或阳台上的作物，而且增强它们的复原力（抗蚜虫和真菌疾病，像其中的霉病）。你用的混合物取决于作物的数量和可用的空间。做液体肥料所需的植物，当你在乡间散步或穿过森林时获得。有些液体肥料具有非常强烈的气味。如果这种气味令你难受，对此可以轻易地采取某种措施：拌进一些石餐，气味就被中和了，也可以使用缬草。如果你不想做液体肥料，你可以用药草茶代替。例如，春黄菊有抗菌作用，可以用来预防根部疾病。艾菊抵抗根部寄生虫非常有效，可以处理锈病。药草茶一冷就可以使用。你决定使用哪种方法，只是个喜爱的问题。因为这种植物混合液，把它当作茶水制备时，是一种提取物或稀释的液体肥料，很有效力。过些时候，你自己的试验会引导你，为你的阳台花园做出最佳混合物。

随着时间的推移，攀缘植物会稳定，并且木质化（葡萄、猕猴桃），于是它们不再需要附加的支撑。这就是说，过些时候，当木棒接种了蘑菇，失去了承载力时，已经不成问题了。

在露天区域，整个冬天作物应该得到保护。在阳台上，冷暖温度的波动时常是特别激烈的。例如，在冬季，你可以用些黄麻口袋来保护水泥槽。在过分强烈的阳光下，你应该用蒲席来保护怕冷的攀缘作物，因为阳光造成绝大部分的霜害！此外，槽内的土壤应该用树叶或黄麻口袋覆盖起来过冬，防止土壤完全冻结。这样做，蚯蚓也会从寒冷岁月中逃生。

在这个小区域内，蘑菇、葡萄、猕猴桃、水果和蔬菜的产量清楚地显示，由于蚯蚓的努力工作，作物经常得到额外的营养供应。来自房屋墙壁的热辐射所产生的“砖石炉效应”，对作物的生长也有非常积极的作用。在攀爬辅助物的帮助下，作物能散布得更远。结果，一个奇妙的树叶藤架在台地上逐步显现，它能提供阴凉，还可用作视觉屏障。系统的大小可依据个人喜爱来加减，你的想象是无穷无尽的！还有一个积极作用是，即使在20层楼上，这个花园会给孩子机会，在一片自然周围体验和长大。各种蝴蝶、野蜂和蜜蜂会很快飞临这些小花园。鸟类也可以在那里筑巢。像这样的微型花园也能产生令人舒适的室内气候，空气中充满了令人十分惬意的香气，这个事实简直是偶然的。因此，城市朴门农艺不仅体现空间的营养用途，它还提高了生活水平，使得花园区域成为娱乐空间。

旁路技术

邻居们通常欣赏茂盛的朴门农艺系统的美景。如果你的邻居也变得对朴门农艺感兴趣，你可以创建一个台地系统，从这层楼攀爬到那层楼。攀缘植物，像葡萄和几维植物，可以从大楼的前面生长，从一层到另一层，用阳台作为攀爬辅助物。在阳台上，准备好装有土的槽，以便作物能扎下新的根（把作物引导到槽里，上面堆点土，可能用个石头压住）。于是作物会从土壤中吸取新鲜力量和营养，并且从一层楼长到另一层楼（换言之，旁路技术）。每层楼可以俯瞰，并且由住在那里的人们来收获。这样，一个公有的花园就开始出现。如果一个居民去度假或者外出较长一段时间，也不存在系统不能起作用的危险。作物在哪里得到水和营养供应，它们就在不同楼层的容器里生根。这种系统既向垂直方向也向水平方向延伸，因为它可以向任何方向发展。当然，这需要有创造性的思维，因为像这样的一个系统有那么多的方法来使用、设计和种植。自然，有了种植器的额外重量，就必须注意大楼的结构完整。

随着人们越来越接近自然，相互间的移情作用会增长。所以，城市朴门农艺能直接改进城市的气候，比喻地说，促进人际关系。作物可以是人们之间的桥梁。

如果政客们和企业家把永续性哲学加以实践，那么城镇可以变成绿洲。所有庭院、停车场、操场、露天广场、墙壁和屋顶可能长出繁茂的绿色植被，人们可能从积极的副作用中受益，例如，少被灰尘和有害物质污染。为做到这点，我们需要在更广的意义上改变思维方式。朴门农艺系统不是脱离外部影响而孤立地起作用，他们需要合作！

旁路技术

攀缘植物从一个阳台引导到另一个阳台。这些植物会慢慢地散布到整幢大楼上

在每个阳台上，这种植物（这里指几维植物）会长出新根，并且供应自己水和营养

植物名单

下列名单提供你一个各种作物所需要的场所和有利的植物群落资料的总览。为了发现你的土地条件下的最佳结合，观察作物仍然很重要。

蔬菜

作物	支持作物	特性和要求
菜豆（*Phaseolus* sp.）	美味可口，一种烹饪用作物，气味强烈，抗蚜虫作用小，玉米作为攀爬辅助物，还有许多	生长需求低，属豆科植物，增加土壤氮含量，阳光充足到半遮阴，喜爱疏松土壤，养分需求低
豌豆（*Pisum sativum*）	玉米作为攀爬辅助物，还有其他许多	生长需求低，属豆科植物，增加土壤氮含量，阳光充足到半遮阴，喜爱疏松土壤，养分需求低
黄瓜（*Cucumis sativus*）	豌豆、菜豆、大蒜和罗勒（防止霉菌）、藜菜和耶路撒冷蓟作包边作物（防风墙）	喜爱好土壤，向阳避风处，养分需求高
藜菜（*Chenopodium bonushenricus*）	南瓜和黄瓜的好包边作物，用作防风墙	生长需求低，喜爱好土壤，阳光充足到半遮阴，耐霜，野菜
胡萝卜（*Daucus carota*）	洋葱、韭菜、豌豆、菜豆、莴苣和雅葱	喜爱良好疏松的土壤，阳光充足到半遮阴，养分需求中等
马铃薯（*Solanum tubrosum*）	金盏花（防止线虫）、豌豆、菜豆和洋葱	喜爱好土壤（不太潮湿），阳光充足到半遮阴，养分需求高
大蒜（*Allium sativum*）	包括阻止真菌疾病易感染的植物（黄瓜），本身不是特别挑剔	喜爱疏松轻质土壤，阳光充足，养分需求中等
中国蓟（*Stachys sieboldii*）	豌豆、菜豆、甜菜根和雅葱	喜爱好土壤，阳光充足到半遮阴，耐寒，块茎
甘蓝（*Brassica oleracea*）	豌豆、菜豆（提高地力）、金盏花（防止线虫）、青蒿、罗勒和薄荷（用它的气味和精油驱赶害虫）、莴苣（地面覆盖）	喜爱良好潮湿土壤，养分需求高
南瓜（*Cucurbita* ssp.）	菜豆、豌豆（提高地力）、玉米、番茄、藜菜和耶路撒冷蓟作包边植物（防风墙）	喜爱良好潮湿土壤，阳光充足，养分需求高

续表

作物	支持作物	特性和要求
韭菜（*Allium ampeloprasum*）	胡萝卜、大蒜、番茄、萝卜（驱赶害虫），欧洲萝卜和泽芹	喜爱良好潮湿土壤，养分需求高
玉米（*Zea mays*）	菜豆、豌豆、番茄和莴苣（地面覆盖）	喜爱养分充足潮湿的土壤，阳光充足，养分需求高
牛皮菜（*Beta vulgaris*）	菜豆、豌豆、甘蓝、萝卜、莴苣和薄荷	喜爱良好潮湿土壤，特别有益于做良好的地面覆盖物
辣椒（*Capsicum* ssp.）	番茄、韭菜、莴苣和黄瓜	喜爱良好潮湿土壤，向阳避风处
欧洲萝卜（*Pastinaca sativa*）	莴苣、雅葱、洋葱和韭菜	良好疏松的土壤，耐霜，块茎
甜菜根（*Beta vulgaris*）	菜豆、豌豆、洋葱、萝卜、莴苣、紫草和甘蓝	生长需求低，喜爱潮湿土壤，良好的地面覆盖是一大好处，养分需求中等
莴苣（*Lactuca sativa*）	萝卜、甘蓝、大头菜、洋葱、韭菜、紫草、菜豆、薄荷、菠菜，还有许多	没有特别需求，养分需求中等
芝麻菜（*Diplotaxis tenuifolia*）	非常适合作填闲作物或作物覆盖物	生长需求低，阳光充足到半遮阴，一年生，蔬菜（色拉）
雅葱（*Scorzonra hispanica*）	洋葱、大蒜、莴苣、胡萝卜，作为果树附近田鼠的很好的诱饵作物	喜爱良好疏松的土壤，养分需求低
芹菜（*Apium graveolens*）	甘蓝、豌豆、菜豆、韭菜和黄瓜	喜爱良好潮湿的土壤，养分需求高
菠菜（*Spinacia oleracea*）	菜豆、豌豆、萝卜、莴苣和黄瓜	喜爱良好潮湿的土壤，养分需求中等
番茄（*Lycopesicon esculentum*）	大蒜、罗勒（防止霉菌）、菠菜、菜豆、韭菜、莴苣和辣椒	喜爱良好潮湿的土壤，阳光充足到半遮阴，养分需求高
耶路撒冷蓟（*Helianthus tuberosus*）	南瓜和黄瓜的好包边作物；作防风墙；果树附近分散田鼠精力的好作物	喜爱良好疏松的土壤，耐寒，分布广（竞争力强），养分需求高
野芦笋（*Asparagus officinalis*）	莴苣和其他生长缓慢的植物的覆盖物	生长需求低，耐寒抗霜，阳光充足，野菜
泽芹（*Siumsisarum*）	洋葱、韭菜、莴苣、胡萝卜、欧洲萝卜和豌豆	喜爱良好疏松的土壤，阳光充足，耐寒抗霜，蔬菜
洋葱（*Allium*）	胡萝卜、菠菜、泽芹、莴苣、菊苣、雅葱、萝卜和甜菜根	喜爱良好疏松的土壤，阳光充足，养分需求中等

药用和烹饪用作物

作物	特性和要求
窄叶土木香（*Inula ensifolia*）	喜爱好土壤，阳光充足到半遮阴，耐霜，药用作物
缬草（*Valriana officinalis*）	生长需求低，喜爱潮湿土壤，半阴凉，耐寒，药用作物
凤仙花（*Tanacetum balsamita*）	贫瘠土壤上也旺盛，阳光充足到半遮阴，耐寒，药用和烹饪用作物
紫花罗勒（*Ocimum basilicum*）	喜爱良好疏松土壤，阳光充足，一年生，烹饪用作物
艾蒿（*Artemisia vulgaris*）	生长需求极低，阳光充足，耐寒，药用和烹饪用作物（与猪肉一起烹制很好）
聚合草（*Symphytum officinale*）	生长需求低，喜爱良好土壤，阳光充足到半遮阴，药用作物，液体肥料
山金车（*Arnica montana*）	生长需求低，沼泽地，阳光充足，耐寒，药用作物
冬香薄荷（*Satureja montana*）	喜爱良好疏松土壤，阳光充足，耐寒抗霜，烹饪用作物，能驱赶吃菜豆的蚜虫
琉璃苣（*Borago officinalis*）	生长需求低，喜爱好土壤，一年生，阳光充足到半遮阴，适于改良重质土壤，药用和烹饪用作物
西洋菜（*Nasturtium officinale*）	喜爱潮湿区域（堤岸边），半遮阴，耐寒，可用于色拉
莳萝（*Anethum graveolens*）	喜爱良好潮湿的土壤，阳光充足到半遮阴，一年生，烹饪用作物
青蒿（*Artemisia abrotanum*）	贫瘠土壤上也旺盛，阳光充足，耐寒，药用和烹饪用作物，柠檬味
德国洋甘菊（*Matricaria chamomilla*）	生长需求低，阳光充足，一年生，药用作物
水苦叶（*Veronica officinalis*）	生长需求低，贫瘠土壤，阳光充足到半遮阴，耐寒，药用作物
驴蹄草（*Althaea officinalis*）	好土壤，阳光充足，不适合与其他许多作物种在一起，耐寒，药用作物
欧白芷（*Angelica archangelica*）	良好的深层潮湿土壤，半遮阴，两年生，耐寒，药用和烹饪用作物
红花（*Carthamus tinctorius*）	贫瘠土壤上也旺盛，阳光充足，一年生，染料作物，黄色/橙色花朵
春黄菊（*Anthemis tinctoria*）	生长需求低，贫瘠干旱的土壤上也旺盛，阳光充足，耐寒，染料作物，黄色花朵
龙蒿叶（*Artemisia dracunculus*）	生长需求低，喜爱好土壤，阳光充足，不耐寒，气味强烈的烹饪用作物，
斗篷草（*Alchemilla erythropoda*）	生长需求极低，阳光充足到半遮阴，耐寒，药用作物
黄龙胆（*Gentiana lutea*）	生长需求低，阳光充足，耐寒，药用作物
茴香（*Foeniculum vulgare*）	喜爱好土壤，阳光充足到半遮阴，耐寒，药用和烹饪用作物
佛手柑（*Monarda* sp.）	贫瘠土壤上也旺盛，阳光充足，耐寒，药用作物，可制茶
毛蕊花（*Verbascum densiflorum*）	生长需求低，阳光充足，两年生，耐寒，药用作物

续表

作物	特性和要求
益母草（*Leonurus cardiaca*）	生长需求低，耐寒抗霜，阳光充足到半遮阴，药用作物
琉璃草（*Cynoglossum officinale*）	生长需求低，喜爱良好潮湿的土壤，阳光充足到半遮阴，两年生，田鼠的好诱饵作物
圣约翰草（*Hypericum prforatum*）	贫瘠土壤上也旺盛，阳光充足，耐寒，药用作物
菖蒲（*Acorus calamus*）	沼泽地，堤岸边，阳光充足到半遮阴，耐寒，药用和烹饪用作物
金莲花（*Tropaeolum majus*）	生长需求低，阳光充足到半遮阴，一年生，可用于色拉，蚜虫的好诱饵作物
山萝卜（*Anthriscus cerefolium*）	生长需求低，一年生，阳光充足，药用和烹饪用作物
小花柳叶菜（*Epilobium parviflorum*）	贫瘠土壤上也旺盛，阳光充足，耐寒，药用作物
蒜芥（*Alliaria petiolata*）	生长需求低，大蒜味，半遮阴，耐寒，药用和烹饪用作物
胡荽（*Coriandrum sativum*）	喜爱良好潮湿的土壤，一年生，阳光充足，烹饪作物（新鲜叶片和种子）
矢车菊（*Centaurea cyanus*）	生长需求低，干燥土壤，一年生，阳光充足，药用作物
卷叶薄荷（*Menthaspicata* var. *crispa*）	喜爱良好土壤，阳光充足到半遮阴，耐寒，药用作物，可制茶
山葵（*Armoracia rusticana*）	生长需求低，阳光充足到半遮阴，耐寒，烹饪用作物
薰衣草（*Lavandula angustifolia*）	排水性能好的土壤，阳光充足，耐寒，阻止蚜虫，药用作物
独活草（*Levisticum officinale*）	喜爱好土壤，阳光充足到半遮阴，耐寒，药用和烹饪用作物
绣线菊（*Filipendula ulmaria*）	喜爱良好潮湿的土壤（堤岸边），半遮阴，耐寒，药用作物
马郁兰（*Origanum majorana*）	喜爱良好土壤，阳光充足，药用和烹饪用作物
牛奶蓟（*Silybum marianum*）	生长需求低，阳光充足，两年生，耐寒，药用作物
欧前胡（*Peucedanum ostruthium*）	良好潮湿的土壤，半遮阴，耐寒，药用作物
黄葵（*Malva moschata*）	贫瘠土壤上也旺盛，阳光充足，耐寒，药用作物
野甘菊（*Tanacetum parthenium*）	生长需求低，阳光充足，耐寒，药用作物
月见草（*Oenothera biennis*）	生长需求低，阳光充足，耐寒，药用作物，夜晚月下开花
龙牙草（*Agrimonia eupatoria*）	排水性能好的土壤，阳光充足到半遮阴，耐寒，药用作物
牛至（*Origanum vulgare*）	喜爱良好潮湿的土壤，阳光充足，耐寒，烹饪用作物
欧芹（*Petroselinum crispum*）	喜爱良好土壤，半遮阴，两年生，烹饪用作物
胡椒薄荷（*Mentha pulegioides*）	生长需求低，喜爱好土壤，阳光充足到半遮阴，耐寒，药用作物，可制茶
薄荷油（*Mentha pulegium*）	生长需求低，喜爱好土壤，阳光充足到半遮阴，不耐寒，药用作物，可制茶
阔叶百里香（*Thymus pulegioides*）	生长需求低，阳光充足，耐寒，药用和烹饪用作物，当生长在贫瘠、干燥的土壤上时，具有特别强烈的气味
艾菊（*Tanacetum vulgare*）	贫瘠土壤上也旺盛，阳光充足，耐寒，可用于液体肥料
金盏菊（*Calendula officinalis*）	生长需求低，喜爱好土壤，一年生，阳光充足，混合种植用来阻止线虫，药用作物

续表

作物	特性和要求
紫松果菊（*Echinacea purpurea*）	排水性能好的土壤，阳光充足，耐寒，药用作物（特别适合于顺势疗法）
鼠尾草叶（*Salvia officinalis*）	生长需求低，阳光充足，耐寒，药用和烹饪用作物，当生长在贫瘠、干燥的土壤上时，具有特别强烈的气味
大韭菜（*Allium ramosum*）	生长需求低，味道美妙，喜爱好土壤，阳光充足到半遮阴，耐寒，烹饪用作物
细香葱（*Allium schoenoprasum*）	喜爱好土壤，阳光充足到半遮阴，耐寒，烹饪用作物
白屈菜（*Chelidonium majus*）	生长需求低，喜爱好土壤，阳光充足到半遮阴，耐寒，烹饪用作物
黑蜀葵（*Alcea rosea* var.*nigra*）	蜀葵美丽，喜爱富含营养土壤，阳光充足，药用作物，可制茶
皂草（*Saponaria officinalis*）	生长需求低，阳光充足到半遮阴，耐寒，根可以煮成肥皂水
欧洲没药（*Myrrhis odorata*）	喜爱良好湿润的土壤，半遮阴，耐寒，烹饪用作物
矢车菊（*Centaurium erythraea*）	喜爱贫瘠土壤，阳光充足，两年生，耐寒，药用作物
百里香（*Thymus vulgaris*）	生长需求低，阳光充足，耐寒，药用和烹饪用作物，当生长在贫瘠、干燥的土壤上时，具有特别强烈的气味
香车叶草（*Galium odoratum*）	喜爱良好湿润的土壤，完全遮阴，耐寒，烹饪用作物，可以制作香车叶草甜饮料
野生大蒜（*Allium vineale*）	非常芳香，阳光充足，耐寒， 烹饪用作物
芸香（*Ruta graveolens*）	喜爱疏松土壤，阳光充足，不耐寒，能阻止昆虫，药用和烹饪用作物
苦艾（*Artemisia absinthium*）	贫瘠土壤上也旺盛，阳光充足，不适合与其他许多作物种在一起，耐寒，药用作物
山金车（*Arnica chamissonis* ssp. *foliosa*）	生长需求低，也适合贫瘠土壤，阳光充足到半遮阴，耐寒，药用作物：效果类似于山地山金车
巨头银毛蕊花（Verbascum *bombyciferum*）	生长需求低，阳光充足，二年生，耐寒，药用作物
香草（*Hyssopus officinalis*）	贫瘠土壤上也旺盛，阳光充足，耐寒，药用和烹饪用作物
水苏（*Stachys officinalis*）	生长需求低，阳光充足到半遮阴，耐寒，药用作物
柠檬香油（*Melissa officinalis*）	生长需求低，喜爱好土壤，阳光充足，耐寒，药用作物，可制茶

6 Projects 科研项目

苏格兰

朴门农艺原理正在全世界起作用。在我的第一本书《反叛农夫》中，我已经描述过我在巴西、哥伦比亚和北美（蒙大拿州）的科研项目。应用基于朴门农艺的策略，在困难条件下（土壤条件，气候），成功地实践农业变得有可能。下面的叙述应该给对朴门农艺感兴趣的任何人以鼓舞，使他们的想象力和计划变成现实，即使他们工作的场所不是“有利的”。就我在苏格兰的科研项目而言，我能看出在酸性土壤上取得积极的成果是可能的，在短期内还没有开展真正的工作来维护这个区域。

在苏格兰高地，朴门农艺科研项目是与兰杰斯—斯沃洛夫斯基家合作的。目标是建立一个朴门农艺花园，供他们日常私人使用。这个共同分担的科研项目给了我在石南丛生的苏格兰荒地上，在酸性泥炭土壤（pH在4到5之间）中尝试我的方法的机会。

最后，在2004年5月，用一台挖掘机建造了第一个高耸的垄。我确定要测试在这个地区的不同类型土壤（泥炭到沼泽）和不同高度上高耸的垄的效果。

在我首次勘查地块时，在不同的高度（大约海拔100米到350米）上我选择了试验区，在试验区里我开始做试验。这张图片显示我与杰纳特·兰格斯—斯沃罗夫斯基，麦格·克里斯蒂娜·科伊多和我的妻子维罗尼卡在现场讨论。

在图片里，可以看到我们选择作为试验区的土地的一个受侵蚀的部分。它用栅栏与外部隔开，以便鹿的啃食最少。这个地区的植被主要由蓑衣草（*Cyperaceae eriophorum*、*Carex*）和善于适应大面积酸性土壤的石南（*Calluna vulgaris*）组成。

2003年5月，我们首次用混合种子播种这些试验区。种子包含谷类（古老谷物：二粒小麦、单小麦和古西伯利亚小麦）与填闲作物蔬菜（小萝卜、莴苣等）和改良土壤作物（各种豆科植物）。意图在于查明这个地区的主要条件（经常多风、酸性且潮湿的土壤）下，所选择的作物是否生长和怎样生长。在图片里，我与彼得·威敏斯和一个同事一起准备播种。

播种之后，一层草松散地撒在试验区上作为覆盖物。

一年以后，在2004年5月，这个地区完全改变了。谷类以及填闲作物已经发芽，并且长势良好。

其结果远远超过我的预期。即使在这样困难的条件下——实际上完全不适合种植——填闲作物蔬菜长势喜人！

甚至龙胆种子（*Gentiana lutea* 和*Gentiana punctata*）在一个隐蔽的地点发芽，一年后成长为茁壮的新作物。由于这个充满希望的结果，我们开始计划一个做试验的垄系统。

石南地上新建的高耸的垄，除了其他之外，由大块的，被清除的原料（松树的树干、树桩、树枝和云杉树）以及引进的石南构成。高耸的垄形状像波浪形线条。

新的高耸的垄用草覆盖起来。覆盖物层不仅有保护土壤免受恶劣天气影响的作用，而且也有保护种子避免被鸟类吃掉的意图。正如在图片里可以看到，高耸的垄就在一条小路附近。这样做的垄可以得到密切照料，并且容易到达。同样，如果作物接近一条道路，作物被吃的危险就降低了。

2004年7月23日，我最近一次到苏格兰访问：我与麦格·克里斯蒂·科伊多（兰格斯—斯沃罗夫斯基家的科研项目的顾问和领导）共同收获小萝卜。小萝卜比预期的长得更旺盛；古老谷类已经有两米高！这些收获是通过使用混合种子和覆盖物，在原来被侵蚀的区域上取得的。

与我的同事埃雷克·奥尔尼格一起，在苏格兰高地上，使用我的尝试及试验系统，我还建立了一个储藏地窖。地窖是为储藏农产品的，可是也可以用作露天隐蔽处。

伯克夏猪（一种古老猪品种）和鹅迁移到新建的朴门农艺系统里的住所。

与杰纳特·兰格斯—斯沃罗夫斯基一起计划下一步如何进行。既然最近的试验已经带来了惊人的结果，我们计划引进野生的和栽培的果树到朴门农艺系统中。经过一定的时间，地力耗尽且被侵蚀的区域，会发展成具有多样化植物群和动物群的“可食用地形”。

朴门农艺科研项目能得到的土地区域，直接连接着集约种植的水稻田。

泰国

2003年底，我接到一对泰国医生夫妻的请求。大约离曼谷市北面100公里处，他们办着一个孤儿院，目前照料着40个孩子。这对夫妻告诉我，他们想增加孤儿院的收容能力到100个孩子。目标是孤儿院能生产足够的食物，使其自给自足。所以，2004年1月，我与我的助手和受训人员飞到泰国，亲自视察形势并且支持这个家庭的计划。

当首次环视这个地区时，主人表示他们的愿望是在即将到来的开工期间，把短语“热爱—和平”结合进科研项目中。由于有一条航线飞越他们的土地上空到曼谷，字必须足够大，以便信息仍然能从飞机上看到。

首先我得花费一个夜晚，查看这个计划以及前景。接着我突然有了一个主意，我们可以使字母显示在高耸的垄和地边上，然后在字母的凹陷处，创建池塘和沟渠。

在短语“热爱—和平”的南面，我们计划使水改道，进入第一个字母“L”，并且使水再改道，从最后一个字母“E”流出。字母“E”会被造成最深的池塘。在各个池塘内，深处和浅处都做成能最好地满足各种类型的鱼、小龙虾、蟹和贻贝的不同要求。不同的水深意味着池塘的各个区域，可以建成具有不同的温度。这样做，像缺乏氧气或池塘过度生殖的问题能缩到最小。

地形的这些变化不但会增加可用的土地面积，而且保护土地免受洪灾。现

泰国的朴门农艺科研项目

一个字母横跨的部分。池塘的水位随着一年里的时间和雨量而变化

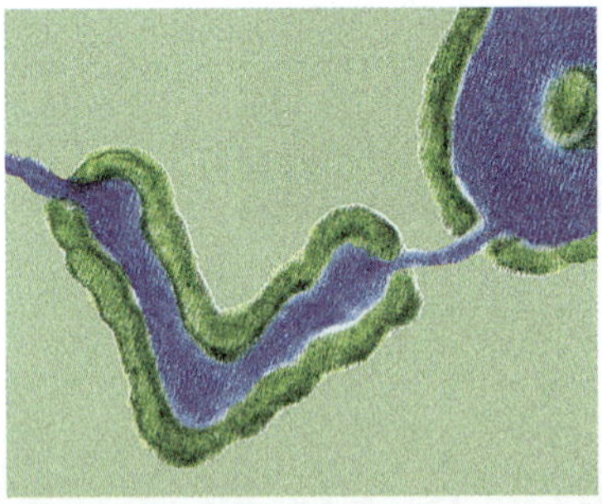

水道：大约50公顷地块的一部分将被设计成有文字形状的池塘

结果将成为具有许多用途的水上公园。一个有岛屿的湖，岛上将建一个土坑地窖，计划就此完成。系统将被一个高耸的垄包围

字母的边沿用杆子作标识，以便挖掘机的工作能开始。

在地沟里，孩子们帮助种植果树（芒果、番木瓜和其它许多），以备将来需要。

我多年的同事埃雷克·奥尔尼格为地沟准备天篷。

阶段，雨季发洪水，土地无法耕作。我们的目的是通过筑坝使整个地面得到保护，免受洪灾。这也会把来自旁边大量施肥的水稻田里有害物质的量缩到最小。这些变化也包括创造不同的微型气候，例如，干燥区域和“微型雨林”。土地的变化不但应该提供全年可农耕的土地面积，而且要提供一个娱乐性和试验用的地形，给孤儿院的孩子们玩耍和给附近大学和医院的人们休闲。然后整个区域可以用作自由采摘区，一个展览花园并且在上面饲养牲畜。它也可以用作禽类和野兽隐蔽处。

因为高质量的泥土到处可以得到，取之不尽，用之不竭。利用这种原材料的可能性就立刻出现了。我主要想用它来做建筑。按照我的建议，储藏室，甚至房屋，可以简单又廉价地建造起来。用一台挖掘机，很快地建造一幢这类建筑物是可能的。

我考虑恢复供水。水已经被许多有害物质污染，恢复它的自然状态特别重要。所以我对孤儿院的劝告是，种一片芦苇地使废水洁净，再生和使用地表和地下水。对水处理本身，我描绘了处理池，用适当的植物通气和过滤。我也建议凿一口深井。为了尽量节省能量，可以使用水力、风力或来自光生伏打电池的电力驱动抽水系统。

这对夫妻办这所孤儿院的许诺，对我们大家真是一个好榜样。此时，我的主张和建议得以贯彻落实的程度问题，必须留下来不予回答。由于泰国离我太远，所以我不能定期地视察这个项目，或参加正在进展中的工作。在此时刻，留给我的只有祝愿我们已经开始并且如此欢乐地一起工作过的科研项目获得成功！

沃土和泥土就地可得，十分丰富，还可以充分利用，作建筑材料。

水很丰富，不幸的是，因集约农业而受到严重污染。这张图片显示一块正在耕作的稻田。

朴门农艺：将来的农耕法。

伯塔：为奥地利残疾人服务的科研项目

一项无可匹敌的朴门农艺科研项目正在斯坦利亚的伯德奥西地区进行中。目的在于使残疾人在朴门农艺的帮助下，以特殊的方式联合起来。应用各种不同的技巧，使这个科研项目在残疾人家庭救济方面做出贡献。在2003年6月，我按照这个项目的理念工作，与奥地利残疾人服务组织（在罗兰德·卡尔伯的领导下）一起工作。我很高兴朴门农艺为残疾人和他们的家庭容易理解方面，我为这个社区做了工作。我发挥了自己的作用。这也是为什么我支持伯塔科研项目的原因。

这个科研项目包括建立许多园子，用来种植不同的蔬菜和果树，训练感官的各种舒适而宁静的园地、教人们活动的运动场、水上公园和攀岩区域，这些作为游览者的聚集处。也会有土坑地窖和土坑隐蔽处。这个科研项目的计划可以在“地形设计”一章中找到。我现在想就这个科研项目的理念作一个快速的总览。

地中海公园

在地中海公园里，本地的以及非本地的作物和树木，经过了一系列不同的试验后加以种植。作为非同寻常的建筑（筑成台地并且保护植物不受自然影响，其

在地中海公园里，孩子们热情地帮助种植和造桥。

设计的目的是储蓄热量），这个区域的年平均温度应该更高些，因而有可能种植葡萄、无花果、猕猴桃和其他需要阳光充足的水果。

水上公园

在这个区域，我们应该带残疾游览者更接近水中央，那是所有水生植物和动物的栖息地。直接接触是首要的。做一个浅滩，让坐轮椅的人也能通过，因而从轮椅上种植也有可能。至于水生植物的繁衍以及鱼的饲养也安排在水上公园中。

感官公园

在这个公园里，特地选择的植物和建筑材料，会使游览者感官觉得舒适。公园里将种上大量香花和药草，还有味道鲜美的浆果和水果。这会取悦游览者的嗅觉和味觉。五光十色的鲜花和吸引眼球的物品，会引导人们的眼睛穿越迷宫。通过选择不同的自然材料（石头、木头和水），游览者的触觉被唤起。

感官公园的结构：剩下的工作主要靠手工进行。

感官公园目前正在建设中，它具有地中海公园的景象。公园里的岩石需要安放得更加不规则，高耸的垄仍然需要加以完善。

运动园

在这个区域，游览者的好动性格将受到刺激。使用自然辅助物（奇异的岩石构造和木制建筑），以同等的标准，教授平衡、协调和娴熟的汽车驾驶。

休息区和摇滚区

这个区域应该照顾到游览者的精神生活，通过仔细选择，他们自然地可得到积极的情感交流，鼓励他们休闲娱乐。除了别的用途之外，休息区留作身体健康（户外用餐，野餐）之用，而摇滚区将变成文化交流地点。在这里音乐和诗歌也各得其所。

土坑地窖和隐蔽处

土坑地窖是为储藏来自朴门农艺系统的农产品。这个建筑的位置和设备，使它理想地适合储藏水果和蔬菜。这些因素也使它有可能现场提供新鲜农产品直到冬季晚期。隐蔽处也应该适合作为牲畜可能是猪等的露天隐蔽处。

我们的残疾游览者从一开始就应该包括在科研项目中。同样也考虑到，在实际条件下他们会帮助这个科研项目，例如，通过种植不同地块和创造他们能够快乐舒适的环境。整个区域都将被规划，以便尽量地从轮椅上就能种植和收获。重要的综合作用，可能是在当地每周一次的集市上或在农村集市上，销售就地种植的农产品。

2004年4月22日，伯塔科研项目破土动工。我现在盼望见到这个项目的成果。

Concluding Thoughts
结尾思绪

朝着自然生活和自然农业的努力，曾有一段时间举步维艰。当从事农业、科学和政治的人们仅仅把他们的眼睛盯在“进步”上时，同时显示他们完全不顾自然。“成长或让路”是当今时代的座右铭。在我们的经济竞争中，只留下很小的空间去思考自然。

牲畜被关在越来越狭窄的地方，喂养由计算机自动控制。于是失去了与牲畜的接触，牲畜被看作是商品，而不是活的生物。人们简单地把它们归属于“肉类生产”。你只能期待健康的农产品来自健康的动物。动物的苦难会传递到人们身上。我的观察一再地证实了这点。尊敬地处理我们的环境和对待伙伴生物，是唯一恰当的方式。

我的中心思想之一是：“试把你自己放在你的伙伴生物的位置上，无论它们是植物或动物，于是你会很快发现，你有意给它们的环境是否恰当。如果你仔细